U0341883

安全技术经典译丛

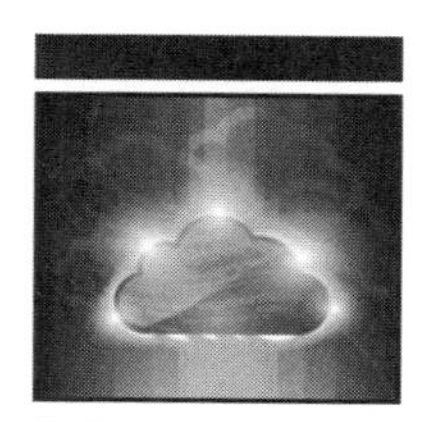

物联网安全

[美] 李善仓(Shancang Li)
许立达(Li Da Xu) 著
梆梆安全研究院 译

清华大学出版社
北 京

Elsevier (Singapore) Pte Ltd.
3 Killiney Road, #08-01 Winsland House I, Singapore 239519
Tel: (65) 6349-0200; Fax: (65) 6733-1817

Securing the Internet of Things
Shancang Li, Li Da Xu

ISBN-13: 9780128044582

This translation of Securing the Internet of Things by Shancang Li, Li Da Xu was undertaken by Tsinghua University Press and is published by arrangement with Elsevier (Singapore) Pte Ltd.

Securing the Internet of Things by Shancang Li, Li Da Xu 由清华大学出版社进行翻译，并根据清华大学出版社与爱思唯尔(新加坡)私人有限公司的协议约定出版。

物联网安全　(梆梆安全研究院译)
ISBN：978-7-302-50719-2

北京市版权局著作权合同登记号 图字：01-2018-0457

图书在版编目(CIP)数据

物联网安全 / (美)李善仓(Shancang Li)，(美)许立达(Li Da Xu)著；梆梆安全研究院 译.
—北京：清华大学出版社，2018（2022.9 重印）
(安全技术经典译丛)
书名原文：Securing the Internet of Things
ISBN 978-7-302-50719-2

Ⅰ. ①物… Ⅱ. ①李… ②许… ③梆… Ⅲ. ①互联网络－应用－安全技术 ②智能技术－应用－安全技术 Ⅳ. ①TP393.4②TP18

中国版本图书馆 CIP 数据核字(2018)第 170756 号

责任编辑：王 军 韩宏志
封面设计：孔祥峰
版式设计：思创景点
责任校对：牛艳敏
责任印制：杨 艳

出版发行：清华大学出版社
网 址：http://www.tup.com.cn，http://www.wqbook.com
地 址：北京清华大学学研大厦 A 座 邮 编：100084
社 总 机：010-83470000 邮 购：010-62786544
投稿与读者服务：010-62776969，c-service@tup.tsinghua.edu.cn
质 量 反 馈：010-62772015，zhiliang@tup.tsinghua.edu.cn
印 装 者：三河市国英印务有限公司
经 销：全国新华书店
开 本：148mm×210mm 印 张：5 字 数：138 千字
版 次：2018 年 10 月第 1 版 印 次：2022 年 9 月第 4 次印刷
定 价：49.80 元

产品编号：077462-01

译者序

随着相关硬件、软件、网络等技术的成熟，蓬勃发展的物联网逐渐开始从科研阶段转入市场化阶段，物联网基础设施及相关应用的建设推广已上升到国家战略层面。但有些难题依然困扰着物联网的发展，甚至可能给物联网整体架构的稳定性带来极致命的影响。

物联网拥有繁杂的感知终端，复杂的异构网络连接方式，广泛的应用领域；现实世界与网络世界因物联网而得以更紧密地融合。但要注意，更多物理世界里的不确定性被映射到物联网环境中，海量数据的实时生成考验着物联网终端、传输端、云端的数据承受能力，规格不一的终端接入设备器件是物理世界与网络世界交融的关键节点，但自身却大多脆弱。物联网在天然继承互联网各类安全缺陷的同时，其广泛的应用及互操作、混搭、自主决策等特性引发了更多新型安全挑战，如混合系统安全问题、过度连接安全问题、可用性安全问题等。

综合安全情报能够发现，物联网的安全防护能力近乎于无，在黑客恶意攻击面前毫无防范之力。近年来，针对物联网发起的恶意攻击愈加频繁，路由器、打印机、监控摄像头、供水系统、石油钻机、电厂设备等物联网设备、物联网系统都成为黑客的攻击目标。

暗网里，黑客正出售不断升级的物联网恶意程序，抢夺大量物联网设备成为“肉鸡”，储备物联网安全漏洞充实其“网络武器库”，探索更适合物联网环境的攻击方式以及可基于物联网而发起的新型攻击。

在物联网加速发展的今天，其安全问题亦十分严峻！

抽丝剥茧看本质，无论是物联网相关技术还是各类恶意攻击技术，都没有发生任何突变，都是在既有技术基础上的演进。因此，在考虑物联网安全建设问题时，同样需要先理清物联网安全的基础本质，认清其安全关键点，透彻了解其真实风险诱因，明确在不同应用环境下物联网安全需求的异同、与传统安全的区别，以及各类相关使能技术之间的逻辑关系。一套完整的物联网安全体系需要能够从软件硬件、物理虚拟等多种维度为物联网提供保障。

《物联网安全》一书讲解生动，从解决方案层面帮助相关网络安全研究人员认知物联网安全；我们之所以选择翻译本书，就是看重其对物联网安全基础架构解读的广度与深度。《物联网安全》解释物联网系统安全的基本概念，突出重要的潜在物联网安全风险和隐患，并对相关威胁诱因进行深层解读，系统描述针对资源受限物联网终端、混合网络体系结构、通信协议和面向应用程序特性的实际解决方案，对物联网安全使能技术进行梳理。

本书的翻译感谢梆梆安全创始人、CEO 阚志刚先生和 CTO 陈彪先生的大力支持，梆梆安全研究院院长卢佐华女士的统筹安排。本书由卢佐华、彭建芬、刘丁、韩科科、王天雨、杨如昆、卢逸尘、唐俊飞参与翻译，卢逸尘、曾志、李磊、盖芳负责审校工作，感谢各位认真严谨的态度及辛苦努力的工作。

由于水平有限，如有不妥之处，恳请读者指正。期盼本书的翻译，能够为中国的物联网安全产业建设提供助力！

2018 年 3 月

作者简介

李善仓(Shancang Li)是西英格兰大学计算机科学与创新技术系的高级讲师。Shancang 曾在爱丁堡龙比亚大学任教，并在布里斯托大学的密码学小组任安全研究员，从事多个行业和技术领域的移动/数字取证工作。他在安全研究领域的背景包括网络渗透测试、无线安全、移动安全和数字取证。

许立达(Li Da Xu)，IEEE 院士和俄罗斯工程院院士，美国弗吉尼亚州诺福克奥多明尼昂大学信息技术和决策科学系杰出教授，2016 年入选汤森路透的“高被引用科学家(HCR)”名录。据汤森路透称：“2016 年度的高被引用科学家代表了世界上一些最具影响力的科学头脑。”

许立达是 IFIP TC8 WG8.9 的创始人；IEEE SMC 社会技术委员会信息系统的创始人；*Journal of Industrial Information Integration* (Elsevier BV)、*Journal of Industrial Integration and Management* (World Scientific)、*Enterprise Information Systems* (Taylor & Francis)的创始主编；*Frontiers of Engineering Management* (Higher Education Press)和 *Journal of Management Analytics* (Taylor & Francis)的联合创始主编。

除这些显著成就外，许立达博士还是中国教育部授予的“长江学者”讲座教授。许立达博士的合作单位包括中国科学院计算技术研究所、中国科学技术大学、上海交通大学、中国国务院发展研究中心和美国弗吉尼亚州奥多明尼昂大学。

他参加了系统科学与工程学科的早期研究和教育学术活动。许立达博士与 West Churchman、John Warfield、钱学森等知名学者进行过广泛的合作与交流。此外，他领导了早在 20 世纪 80 年代初开始的以信息系统和企业系统为主题的早期研究和教育学术活动。

许多人认为他是产业信息集成工程这一新兴学科的创始人之一。他是《企业集成与信息体系架构》的作者，也是《系统科学方法论》一书的合著者。包括钱学森在内的许多知名学者都在他们的重要研究中引用了他的著作。

目　录

第 1 章 简介：物联网安全

1.1 引言

新兴的物联网(Internet of Things，IoT)被认为是下一代的互联网。由于物联网中数十亿设备互相连通，它也将成为对黑客极有吸引力的目标(Roman et al.，2011)。物联网中的每个物理对象都能够在没有人干预的情况下进行交互(Bi et al.，2014)。近年来，物联网在各种基础设施中的应用都已得到发展，如物流、制造业、医疗保健、工业监控等(ITU，2013；Pretz，2013)。许多尖端技术(如智能传感器、无线通信、网络、数据分析技术、云计算等)都已被研发出来以帮助物联网在不同智能系统中充分发挥潜力(Bi et al.，2014; Tan et al.，2014)。然而，物联网技术仍处于初级阶段，还有许多与物联网相关的技术难题需要攻克(Li et al.，2014c)。物联网中最显著的一个技术障碍是安全(Li et al.，2014c)，它涉及基础设施安全性、通信网络安全性、应用安全性和一般系统安全性的感知(Keoh et al., 2014)。为了解决物联网中的安全挑战，我们将基于四层架构分析物联网中的安全问题。

1.1.1 概述

物联网的概念在1999年被首次提出(Li et al., 2014c)，而其确切定义仍随着不同视角的变化而改变(Hepp et al., 2007; ITU, 2013; Li et al., 2014c; Pretz, 2013)。物联网被认为是未来新一代的互联网；它集成了不同范围的技术，包括传感、通信、网络、面向服务的体系结构(Service-oriented Architecture, SoA)和智能信息处理技术(Council, 2008; Li et al., 2014c; Lim et al., 2013)。然而，它也带来了一系列严峻挑战，比如安全性、混合网络、智能传感技术等。其中安全性是最主要的，它从根本上保护着物联网免受攻击和发生故障(Roman et al., 2011)。传统意义上，安全意味着密码学、安全通信和隐私保护。然而，物联网安全囊括更广泛的任务，包括数据机密性、服务可用性、完整性、反恶意软件、信息完整性、隐私保护、访问控制等(Keoh et al., 2014)。

作为一个开放的生态系统，物联网安全与其他研究领域有很多交集。物联网的多样性使其非常容易受到针对可用性、服务完整性、安全性和隐私的攻击。在物联网底层(感知层)，传感设备/技术的计算能力和电源供应都非常有限，不能提供很好的安全保护；在中间层(如网络层、服务层)，物联网非常依赖网络和通信，易于遭受窃听、拦截和拒绝服务(Denial of Service, DoS)的攻击。例如，在网络层中，没有集中控制的自组织拓扑容易受到节点复制、节点抑制、节点假冒等身份认证攻击。而在上层(如应用层)，数据聚合和加密对改善所有各层的可扩展性和脆弱性问题非常有用。为了构建值得信赖的物联网，我们需要一个系统级安全分析和自适应安全策略框架。

1.1.2　前沿进展

物联网是互联网的延伸，通过整合移动网络、互联网、社交网络和智能设备为用户提供更好的服务或应用(Cai et al.，2014；Gu et al.，2014；Hoyland et al.，2014；Kang et al.，2014；Keoh et al.，2014；Li et al.，2014a；Li et al.，2014b；Tao et al.，2014；Xiao et al.，2014；Xu et al.，2014a；Xu et al.，2014b；Yuan Jie et al.，2014)。物联网的成功取决于各级安全的标准化，它在全球范围内提供安全的互操作性、兼容性、可靠性和有效性(Li et al.，2014c)。如今，物联网已被许多国家认定为国家战略的重中之重。欧洲物联网研究项目组(IoT European Research Cluster，IERC)赞助了许多物联网基础研究项目：IoT-A 为物联网设计了参考模型和体系结构，而正在进行的 RERUM 项目则着眼于物联网安全(Floerkemeier et al.，2007；Gama et al.，2012；Welbourne et al.，2009)。日本政府提出了“u-Japan”和“i-Japan”的战略，以推进可持续的信息、通信和技术(Information Communication and Technology，ICT)社会(Ning，2013)。在美国，信息技术和创新基金会(Information Technology and Innovation Foundation，ITIF)则着重于新的物联网信息和通信技术(He and Xu，2012；Xu，2011)。韩国则推出了 RFID / USN 和“新 IT 战略”项目，以推进物联网基础设施的发展(Xu，2011)。中国政府于 2010 年正式启动了“感知中国”计划(Bi et al.，2014)。

从技术上说，多种多样的网络和通信技术都可被应用于物联网，例如 Wi-Fi、ZigBee(IEEE 802.15.4)、低能耗蓝牙(Low Energy Bluetooth，BLE)、ANT 等。更具体地说，互联网工程任务组(Internet Engineering Task Force，IETF)已经将基于 IPv6 的低功耗无线个域网(IPv6 over Low-Power Wireless Personal Area Networks，6LoWPAN)、低功耗路由算法(Routing over Low-power and Lossy-networks，ROLL)和受限应用协议(Constrained Application Protocol，CoAP)标准化以应用于资源受限的设备(Cai et al.，2014；Chen et al. 2014；Esad-Djou，2014；Gu et al.，2014；Hoyland et al.，2014；HP Company，2014；

Kang et al.，2014；Keoh et al.，2014；Li and Xiong，2013；Li et al.，2014a；Oppliger，2011；Raza et al.，2013；Roe，2014；Tan et al.，2014；Wang and Wu，2010；Xiao et al.，2014；Xu et al.，2014a，b；Yao et al.，2013)。对软件真实性和知识产权保护的担忧产生了各种各样的软件验证和证明技术，通常称为可信启动(Trusted Boot)或可测启动(Measured Boot)。数据的机密性始终是一个主要问题。目前，相关安全控制机制已被开发，以确保无线通信和移动通信中数据传输的安全性，例如 802.11i(WPA2)或 802.1AE(MACsec)。最近，Raza et al. (2012)中报道了 RFID 市场的安全标准。对于 RFID 应用，欧盟委员会(European Commission，EC)已经发布了一些建议，以合法、道德、社会可接受的方式概述以下安全问题(Di Pietro et al.，2014；Esad-Djou，2014；Furnell，2007；Gaur，2013；HP Company，2014；Raza et al.，2012；Roe，2014；Roman et al.，2013；Weber，2013)：

- 衡量 RFID 应用的部署，以确保国家立法符合欧盟数据保护指令(EU Data Protection Directive)95/46、99/5 和 2002/58。
- 提出评估隐私和数据保护影响的框架(PIA；No.4)。
- 评估个人资料和隐私保护申请实施的影响(No.5)。
- 识别可能引发信息安全威胁的任何应用程序。
- 检查信息。
- 发布有关隐私信息的建议和 RFID 使用的透明度。

但对于物联网来说，安全问题仍然是一个具有挑战性的领域。物联网中可能连接数十亿台设备，我们仍需要精心设计安全架构来充分保护信息并使数据在物联网上安全共享。

物联网应用层出不穷，而这将带来新的安全挑战。例如：

- 产业安全问题。包括智能传感器、嵌入式可编程逻辑控制器(Programmable Logic Controller，PLC)、机器人系统等，而它们通常会与物联网基础设施集成在一起。物联网产业基础设施的安全控制是一个大问题。
- 混合系统安全控制。物联网可能涉及很多混合系统，如何提供跨系统的安全保护对于物联网的成功至关重要。

- 对于在物联网中创建的新业务流程，需要保护业务信息和数据。
- 物联网终端节点的安全性。如何使终端节点及时接收软件更新或安全补丁，而不影响功能安全性是一个挑战。

1.1.3　安全需求

在物联网中，每个连接的设备都可能成为物联网基础设施或个人数据的潜在入口(HP 公司，2014；Roe，2014)。数据安全和隐私问题非常重要，但由于互操作性、混搭和自主决策性导致了系统的复杂性、安全漏洞和潜在漏洞，与物联网相关的潜在风险也因而达到一个新的级别。因为复杂系统可能会造成更多与服务有关的漏洞，隐私风险也将在物联网中出现。在物联网中，许多信息与我们的个人信息有关，如出生日期、地点、预算等。这是大数据挑战的一个方面，安全专家需要确保他们能考虑到整个数据集的潜在隐私风险。物联网应以合法、道德、社会可接受的方式实施，同时考虑到法律挑战、系统方法、技术挑战和业务挑战。本章重点介绍安全物联网架构的技术实现设计。在整个物联网生命周期中，从初始设计到运行服务都必须解决安全问题。如图 1-1 所示，物联网场景中的主要研究挑战包括数据机密性、隐私性和信任(Di Pietro et al.，2014；Furnell，2007；Gaur，2013；Miorandi et al.，2012；Roman et al.，2013；Weber，2013)。

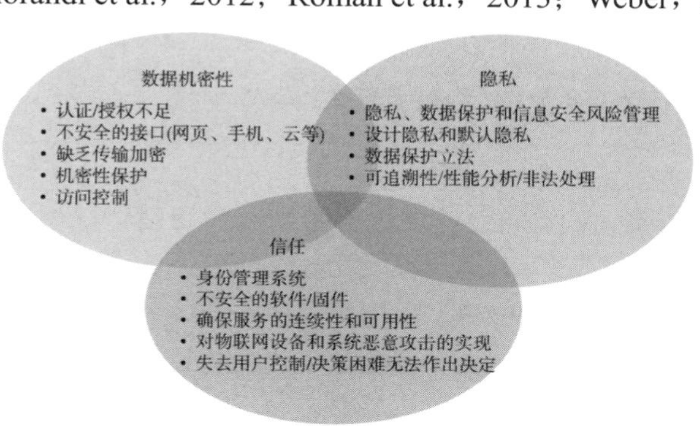

图 1-1　物联网中的安全问题

为更好地说明物联网的安全需求，我们将物联网建模为四层体系结构：感知层、网络层、服务层和应用接口层。每一层都能够提供相应的安全控制，如访问控制、设备认证、数据完整性和传输机密性、可用性以及防病毒或攻击的能力。在表 1-1 中，我们总结了物联网中最重要的安全问题。

表 1-1　物联网中最脆弱的十大环节

安全问题	应用接口层	服务层	网络层	感知层
不安全的 Web 接口	√	√	√	
认证/授权不充分	√	√	√	√
不安全的网络服务		√	√	
缺少传输加密		√	√	
隐私问题		√	√	√
不安全的云接口	√			
不安全的移动接口	√		√	√
不安全的安全配置	√	√	√	
不安全的软件/固件	√		√	
物理安全性差			√	√

安全需求取决于每个具体的感知技术、网络和层级，下面会逐一讨论。

1.2　物联网架构中的安全需求

物联网的一个关键要求是设备必须互相连接，这使得它能够执行特定的任务，如感知、通信、信息处理等。物联网能通过网络获取、传输和处理物联网终端节点(如 RFID 设备、传感器、网关、智能设备等)发出的信息，完成高度复杂的任务。物联网应能为应用程序提供强大的安全保护(例如，对于在线支付应用程序，物联网应能保护支付信息的完整性)。

物联网系统架构必须能为物联网提供运营保障，成为物理设备和虚拟世界之间的桥梁。在设计物联网框架时，应考虑以下因素：

(1) 技术因素，如传感技术、通信方式、网络技术等；

(2) 安全保护，如信息的机密性、传输的安全性、隐私保护等；

(3) 业务问题，如业务模型、业务流程等。

目前，面向服务的体系结构(SoA)已经成功应用于物联网设计，应用正朝面向服务的集成技术发展。在商业领域，各种服务之间的复杂应用已经出现。这些服务位于物联网的不同层面，如感知层、网络层、服务层和应用接口层。基于服务的应用将很大程度上取决于物联网的架构。图 1-2 描绘了一个通用的物联网 SoA，它由四层组成。

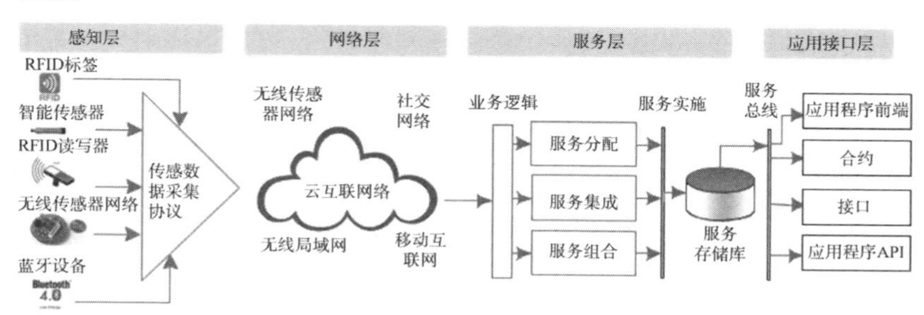

图 1-2　物联网 SoA 架构(Bi et al.，2014)

- **感知层**与物联网终端组件集成，感知和获取设备信息。
- **网络层**是支持设备间无线或有线连接的基础设施。
- **服务层**用来提供并管理用户或应用程序所需的服务。
- **应用接口层**由与用户或应用程序之间交互的方法组成。

基于每层特点，各层的安全需求可能会有所不同。一般来说，物联网的安全解决方案应考虑以下需求：

(1) 感知层和物联网终端节点安全需求；

(2) 网络层安全需求；

(3) 服务层安全需求；
(4) 应用接口层安全需求；
(5) 各层之间的安全需求；
(6) 服务运行和维护的安全需求。

1.3 物联网应用中的安全问题

物联网使设备可在各种场景下进行信息收集、传输和存储，从而催生或催化许多应用，如工业控制系统、零售业、智能货架业务、医疗保健、食品和餐饮业、物流工业、旅游和旅游业、图书馆应用等。还可以预见，物联网将为解决商业模式、医疗监控系统、日常生活监控和交通拥塞控制等重要问题做出巨大贡献。

对于物联网应用来说，安全和隐私是两个重要的挑战。为确保个人活动、业务流程、传输和信息保护等各种活动中的安全和隐私保护，要将感知层设备融合为物联网的固有组成部分，有效的安全技术非常重要。在本节中，我们将重点关注以下五个经典应用，以解决潜在的安全挑战。

1.3.1 SCADA 系统中的安全问题

数据采集与监视控制系统(Supervisory Control And Data Acquisition，SCADA)通常被设计为以技术为导向的解决方案，经常在工业环境中广泛应用。其唯一目的是监视进程，而不考虑安全要求和保护它们免受外部威胁的需求。SCADA 系统被认为在物联网工业应用中发挥了巨大作用(Di Pietro et al.，2014)。一个 SCADA 可以包含多个元素：监控系统、可编程逻辑控制器(PLC)、人机接口、远程机器遥测单元、通信基础设施以及各种流程和分析仪器。从安全角度来看，攻击者可以针对上述每一个元素来威胁一个 SCADA 系统。为了确保将 SCADA 系统集成到物联网中，安全 SCADA 协议的设计应使其能够与物联网环境相连接。然而，这可能会引起以下安全问题(Bamforth，2014；Kim，2012；Perna，2013)。

- 认证和访问控制：为了确保安全通信，必须在允许访问主要功能前执行强认证。另一方面，认证和访问控制可以很好地识别和评估信息源。
- SCADA 漏洞识别：采取适当的对策和纠正措施是十分重要的，所以应定期更新 SCADA 中的软件以解决安全漏洞。
- 物理安全：在 SCADA 中，必须仔细评估每个组件的物理安全保护，并且每个组件都应符合美国联邦信息处理标准(NIST FIPS)。
- 系统恢复和备份：SCADA 应被设计为可快速从灾难或受威胁状态中恢复。

1.3.2　企业信息系统中的安全问题

在过去的二十年里，大多数公司已经完成了在公司内安装企业信息系统的任务。这些企业信息系统在企业资源规划(Enterprise Resource Planning，ERP)系统中扮演关键角色，它们将组织内的业务流程集成到供应链管理系统中，而这些管理系统将组织间的业务流程和客户关系管理(Customer Relationship Management，CRM)系统联系在一起(Li，2011)。尽管依据一系列调查企业系统使用情况和组织绩效的研究，企业系统的使用带来的直接经济效益和业务绩效仍然存在争议(Hendricks et al.，2007；Hitt et al.，2002；Wieder et al.，2006)，但大多数报告仍表明企业系统的使用通过改进决策过程对组织运营产生了积极影响，而其中最重要的是，它将组织的信息和资源整合到了一个系统中。集中信息和资源因此被确定为采用企业系统的最重要因素。回顾历史，推动企业制度发展的浪潮是技术创新。服务器和个人电脑在过去的二十年中不断增长的处理能力使得企业系统的客户端/服务器架构成为可能。可以预见的是，提高后的处理能力将普及至如 RFID 标签等小型嵌入式设备，而这些嵌入式设备可以在许多物理对象中广泛应用，从而形成新型的支持物联网的企业系统。支持物联网的新企业系统是现有系统的扩展，可以收集更多的综合数据和信息，也将安全挑战提高到一个新的级别。由于大多数企业系统安装在企业的内部网中，企业系统的传统安全问题主要涉及用户访问系统的身份识别过程(Wieder et al.，2006)，但是支持物联网的企业系统将传感器整合进来，这使得它与传统企业系统相比将面临更多的安全挑战，因为传感器承载的数据和信息可能超出企业系统的物理承受能力。例如，采用物联网技术实现的协作仓库从 ERP 系统外部的仓库收集数据，并通过不同协议与 ERP 系统通信(Wang et al.，2013)。这种企业系统的新架构需要将安全问题更多地放在感知层和中间件层上，因为这两个层面都可能存在数据泄露问题。对于可能使物联网应用与企业系统交互的应用层，则要特别注意身份认证和应用架构，因为它会比其他层更加脆弱。

1.3.3 社交物联网中的安全问题

社交物联网是物联网应用在社会层面的传播和扩散。与许多其他社交化技术类似，物联网在社会层面也发挥了重要作用，它会影响我们生活的每个部分，从娱乐到能源使用。例如，可穿戴设备(如 Google 眼镜)在可预见的未来将会非常流行，流行的 Jawbone UP 手环已经证明了可穿戴设备的普及程度。其他应用，如智能电视、智能电表和智能家居设备都意味着物联网将开启一个新的数字世界。如同智能网联汽车和其他许多智能设备正兴起一样，物联网将使我们的世界更加连通(Atzori et al.，2012)。然而，单靠物联网技术无法完成这个任务，其他技术也必须考虑进来以完成这个整合的过程。社交媒体和移动应用在这个物联网部分的社会化过程中扮演了关键角色。未来，可以看到我们所有人都将通过社交网络和社交物联网设备连接起来。安全会是社交物联网的重要组成部分。随着我们进入一个由物联网支持的新型数字世界，与以前的互联网安全相比，这个数字世界中的安全问题是一个全新挑战。以前的互联网安全主要集中在安全协议、防病毒软件实施和防火墙上，社交物联网安全与其有一定的相似之处，即它们都具有安全协议。但社交物联网安全可能涉及更复杂的问题，因为社交物联网需要将异构装置集成在一起，而如何管理这些异构设备之间的交互将成为社交物联网安全的首要问题。通过物联网传输的数据和信息需要通过可靠的框架进行管理。诸如隐私、数据访问权限、数据的开放程度等道德问题都将对社交物联网的安全架构如何构建产生影响。当越来越多的设备连接在一起时，社交物联网上的数据流量也将成为一个大问题，如何有效地设计流量以使社交物联网上的数据能以可靠的方式安全传输也将成为一项挑战。

1.3.4　基于物联网的医疗保健系统的保密性和安全性

物联网促进电子医疗和移动医疗融合到基于物联网的医疗保健中，而基于物联网的医疗保健已涵盖传统的互联网医疗保健应用(如电子药房、电子护理、移动医疗保健等)。与社交物联网安全类似，医疗保健物联网安全将涉及在互联网和不断发展的物联网上分布的多源数据和信息的整合。由于医疗保健是一个高度敏感且私人化的领域，处理着来自患者(特别是弱势群体)的许多私人信息，所以其安全设计应该比其他物联网更受重视。出于这个原因，数据机密性和数据安全性可能成为设计医疗安全架构时要考虑的最重要因素。其他因素，如可靠性(反黑客、防病毒等)、设计问题(如签名、认证等)以及合规问题也应仔细考虑。除以上因素外，医疗保健的安全性还与其他行业的有所不同，其特点是：

- 没有双边条件；
- 受到管制；
- 对社区有益；
- 存在法律问题。

出于这些原因，医疗安全系统的设计应采用更可靠的方法。目前的医疗专用安全标准包括以下四个部分：

- 身份认证、身份识别、签名、不可抵赖性；
- 数据完整性、加密、数据完整性过程、持久性；
- 系统安全、通信、处理、存储、永久性；
- 互联网安全、个人健康档案、受保护的互联网服务。

在基于物联网的医疗保健系统中，安全问题包括：

- 病人保密信息的安全性；
- 电子健康记录的安全性(认证、数据完整性)；
- 传输安全性；
- 在医疗数据访问、处理、存储等方面的安全性。

1.4 本章小结

物理设备和服务应用的安全性对物联网的成功运转至关重要、不可或缺。在安全与隐私保护、网络协议、标准化、身份管理、可信体系结构等方面仍存在一些开放性问题。本章从通用设备安全性、通信安全性、网络安全性和应用程序安全性等方面分析了四层体系结构中的安全需求和潜在威胁，对物联网使能技术的安全挑战也进行了回顾。在未来的研究中，我们应该通过权衡安全、隐私和效果等多方面因素来精心设计物联网的安全策略，以提供物联网多层架构的安全性。

第 2 章

物联网安全架构

2.1 引言

物联网(Internet of Things，IoT)是互联网的延伸，通过将智能设备与移动网络、互联网以及社交网络整合在一起，为用户提供更好的应用和服务。物联网的成功取决于各级安全的标准化，从而在全球范围内提供安全的互操作性、兼容性、可靠性和有效性(Li et al.，2016)。如今无线智能传感器已经广泛存在于物理世界中，从玩具到办公设备，甚至到医疗保健系统可以说无所不在，物联网已能够连接数字网络世界与真实物理世界。更显而易见的是，物联网也将数字世界中的所有漏洞全部引入到现实世界中。

物联网应用和基础设施的成功很大程度上取决于对物联网安全性和脆弱性的保证。多数常见的网络攻击手段都很容易应用到物联网，由于物联网和我们的现实生活及工作紧密相关，所以有必要建立严格的网络防御体系。也正是由于物联网安全的必要性，要全面了解对物联网基础设施的威胁和攻击。本章将分析物联网中的安全需求和漏洞，还将分析和归纳面向物联网基础设施和服务的入侵和攻击。

物联网依赖于海量的、遍布整个区域的多种多样的传感器来获取数据。例如，在医疗保健领域，物联网医疗临床设备中被嵌入网络连接功能和智能化的特性。同时我们也能看到个人与物联网业务功能之间也实现了互联互通，智能可穿戴设备能够快速收集信息并通过云端将这些信息传送给医疗保健服务提供者。交通行业是另一个有发展空间的领域，物联网智能汽车的概念正在萌芽，而支撑智能汽车行业发展的基础设施也在快速发展。此外，无人驾驶实验将引领未来的汽车行业发展，从物联网路边设备收集和分析传感器数据的能力将变得更加重要。在很多领域，物联网能力已经能够满足行业的特殊需求，然而也同样带来了安全脆弱性和安全威胁，因此物联网的每一个独特的实现都应该根据安全需求进行评估。这一章中只讨论物联网的一组通用安全需求和漏洞。考虑到每个不同的物联网实现的上下文，总会有某种程度的定制需求。图 2-1 展示了一个简单的物联网架构，主要由服务层、网关层(网络层)和设备层(感知层)组成。下面将详细介绍物联网中的安全需求、认证与授权、访问控制、威胁和物联网攻击。

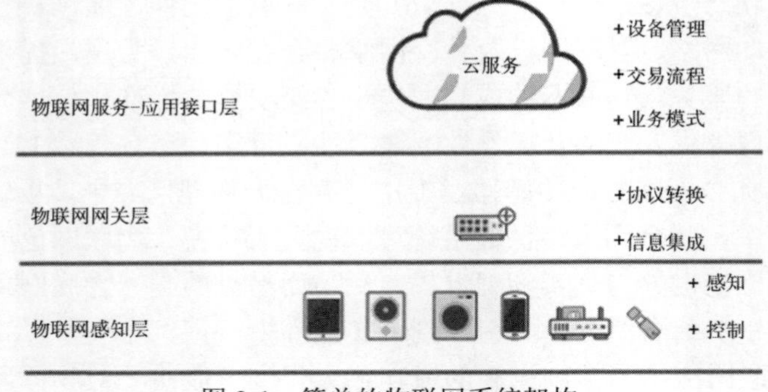

图 2-1　简单的物联网系统架构

2.2　物联网的安全需求

物联网引入了大量的新设备，这些设备都将被部署或嵌入整个组织或系统内部。每个联网设备都有可能成为物联网基础设施或个人数据的潜在入口，从这些设备中获取的数据是可以被分析和利用的，对这些数据的分析可能会发现未知关联，而这将会导致个人或组织对隐私的担忧。数据安全和隐私是非常重要的，但由于物联网互操作性、混搭和自主决策中开始嵌入复杂性、安全漏洞和潜在漏洞，与物联网相关的潜在风险将达到前所未有的高度。由于物联网的功能复杂性可能会造成更多与之相关的漏洞，隐私风险将会在物联网中呈上升趋势。在物联网中，很多信息都与我们的个人隐私信息有关，如出生日期、地点、采购预算等。这是大数据的一个挑战，安全专家就是要确保他们能充分考虑到整个数据集存在的潜在隐私风险。物联网应该在合法的、道德的、社会的、政治的可接受方式下实施，这种方式也应考虑法律挑战、系统方法、技术挑战和商业挑战。本文重点介绍物联网安全架构的技术实现设计。安全考虑必须贯穿整个物联网生命周期，从最初的设计阶段到服务运行阶段。

安全问题一直是物联网的一大关切问题，但是物联网最重要的数据安全和隐私问题还没有明确的界定。数据安全和隐私问题对于物联网并不是新生事物——类似问题已在无线射频识别(Radio-Frequency Identification，RFID)应用中遇到过。例如，当带有 RFID 标签的电子护照准备通行时，该护照数据可通过一个 eBay 上花 250 美元买到的设备读取(该设备能在 30 英尺范围内读取护照信息)，对此，美国国务院不得不修改 RFID 标签，即使新一代电子标签更安全，物联网相关的风险也会由于互操作性、混搭和自主决策引入的功能复杂性、安全漏洞和潜在“黑天鹅”事件，而达到新的高度。

2.2.1　物联网数据安全的挑战

与一般的网络系统类似，图 2-2 展示了一个简单的物联网安全架构的安全需求，主要表现在6个方面：

- 机密性——数据合法授权；
- 完整性——数据可信；
- 可用性——在任何事件和地点需要时，数据都是可访问的；
- 不可抵赖性——服务提供可信的审计跟踪；
- 真实性——各个组件可以证明自己的身份；
- 隐私性——服务不会自动查看客户数据。

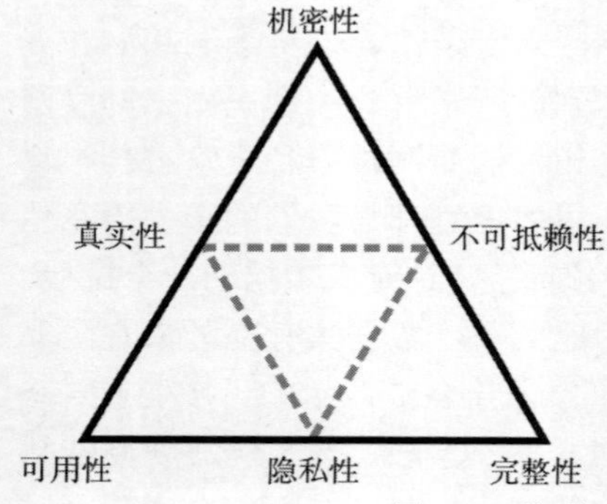

- 机密性——数据被授权方保护
- 完整性——数据是可信的
- 可用性——任何时间和地点需要时，数据都是可访问的
- 不可抵赖性——服务提供可信的审计跟踪；
- 真实性——组件可以证明自己的身份
- 隐私性——服务不会自动查看客户数据

图 2-2　物联网中的安全需求

由于物联网中的对象收集并汇聚与服务相关的碎片化数据，使得隐私风险变大。在位置、时间、重现等上下文关联的情况下审查事件，通过对多点数据的整理可以迅速转换为个人信息。这是大数据挑战的一个方面，安全专家就是要确保他们能充分考虑到整个数据集存在的潜在隐私风险。物联网安全方案中的主要挑战包括数据机密性、隐私和可信。

1. 数据机密性

- 不充分的认证/授权
- 不安全的界面(网页、手机、云等)
- 缺乏传输加密
- 机密性保护
- 访问控制

2. 隐私

- 隐私、数据保护和信息安全风险管理
- 隐私设计和默认保护隐私
- 数据保护法
- 可追溯性/性能分析/非法处理

3. 可信

- 身份管理系统
- 不安全的软件/固件
- 确保服务的连续性和可用性
- 对物联网设备和系统的恶意攻击的实现
- 用户控制权的丧失/决策困难

为了更好地说明物联网中的安全需求，我们模拟了物联网的 4 层体系架构：感知层、网络层、服务层和应用接口层。每层都能够提供相应的安全控制，如访问控制、设备认证、数据完整性和传输机密性、可用性以及针对物联网设备的病毒和攻击的防御能力。在表 2-1 中，对物联网中最重要的安全关注点进行了总结。

表 2-1　物联网十大脆弱点

安全关注点	应用接口层	服务层	网络层	感知层
不安全的 Web 界面	√	√	√	
不充分的认证与授权	√	√	√	√
不安全的网络服务		√	√	
缺乏传输加密		√	√	
隐私问题		√	√	√
不安全的云服务接口	√			
不安全的移动接口	√		√	√
不安全的安全配置	√	√	√	
不安全的软件/固件	√		√	
物理安全性差			√	√

2.2.2 感知层安全

感知层被定义为人、地点和物体的交集，这些物体可以是功能简单的设备，如联网的温度计和灯泡，也可以是功能复杂的设备，如医疗设备和制造设备。为了在物联网中充分实现安全性，安全必须被设计并植入设备本身。这就意味着物联网设备必须能够证明自己的身份以确保真实性，要对数据进行签名和加密以保证完整性，同时也要限制本地数据存储以实现隐私保护。设备的安全模型必须足够严格，以防止在未经授权下使用，但也要保证有足够的灵活性以支持人和其他设备与该设备进行安全随意的临时交互。例如，您想要阻止别人更改所连接的停车计费设备的费率，但也要提供一个安全接口来用于车位预留和指定时间段的费用支付。

由于物联网设备在现实环境中随处可见，物理安全也很重要。这就需要在终端设计时考虑防篡改功能，以便增加攻击者提取诸如个人数据、加密密钥或证书之类敏感信息的难度。最后，我们预计物联网设备将有很长的使用寿命，因此在解决发布之后发现的不可避免的漏洞时，实现软件更新机制也是非常必要的。

2.2.3 网络层安全

物联网架构中的网络层负责终端与云服务之间的连接和消息传递。物联网中的通信通常是通过私有网络和公共网络的组合来实现的，因此保证网络流量的安全显然非常重要。在物联网安全领域，大家普遍认同的是，使用 TLS/SSL 等加密技术可以很好地解决网络层安全问题。当用户考虑在资源有限的设备(即 RAM 空间有限的 8 位微控制器)中使用加密算法时，会遇到很大的挑战，例如，在 Arduino Uno 开发板上使用 RSA-1024，需要 3 分钟才能加密一个测试用的有效载荷，但使用可比较的 RSA 密钥长度的椭圆曲线数字签名算法可以在 0.3 秒内加密相同的有效载荷。这表明设备制造商不能以资源约束为借口放弃产品的安全性。

网络层的另一个安全考虑因素是许多物联网设备使用 Wi-Fi 以

外的协议进行通信，这意味着物联网网关在不同的无线协议之间进行转换时要保证机密性、完整性和可用性，例如从 Z-Wave 或 ZigBee 到 Wi-Fi。

2.2.4　服务层安全

物联网架构中的服务层代表物联网管理系统，负责管理设备和用户、应用策略和规则以及跨设备协调的自动化。使用基于角色的访问控制来管理用户和设备身份，并且对他们的行为做授权，是该层至关重要的功能。除此之外，为了实现不可抵赖性，需要对每个用户和设备所做的更改进行审计跟踪，这样用户就不可能否认在系统中所做的任何操作，这同样非常重要。当检测到异常行为时，这些监控数据也可用于找出可能受到危害的设备。

对物联网产生的汇总数据进行大数据分析，通常被认为是对设备和服务提供商来说物联网最具价值的方面。相对地，维护消费者隐私也是美国联邦贸易委员会(Federal Trade Commission，FTC)和欧洲网络与信息安全局(European Union Agency for Network and Information Security，ENISA)这种发布保护物联网准则的政府机构的首要任务。这形成了一系列与隐私相关的安全需求，例如，提供清晰的数据使用准则，以便客户对发送到云端的数据拥有可见性和细粒度的控制权，使存储在云端的客户数据保持隔离或者使用客户提供的密钥对数据进行加密，并且在分析客户中的数据时，数据也应该是匿名的。

2.2.5　应用接口层安全

保障物联网的安全将面临诸多挑战，物联网架构中的每一层也会有许多独特的挑战。安全的健壮性始于将其构建到设备本身。即使物联网中常见的小型资源受限的设备，也必须进行数据加密，以确保网络通信时数据的机密性、完整性和真实性。最后，必须在消费者隐私和企业之间找到平衡，以及发现物联网产生的海量数据的意义和价值所在。

注意，我们只是触及了保护物联网需求的表面，随着我们深入研究物联网架构每一层的特定安全模型和需求，我们可以推测物联网的未来发展趋势。

表 2-1 对物联网架构各层中的安全关注点做了总结。

安全需求取决于每个特别的传感技术、网络和层，并且已在相应的部分被识别。

2.2.6 物联网安全保障的挑战

在制定物联网安全解决方案时，通常考虑的因素如下：首先是可用性，其次是完整性和机密性。具体挑战包括以下几点：

- 许多物联网系统的设计和实施都很差，使用了不同的传输协议和技术，从而产生了复杂的配置。
- 缺乏成熟的物联网技术和业务流程。
- 有限的针对物联网设备生命周期维护和管理的指南。
- 在漫长而复杂的生命周期中，设备通常不会重新启动，这使得持续的威胁预防势在必行，必须在确保正常运行时间的同时进行关键的安全更新。
- 物联网安全解决方案通常取决于在相同配置下批量生产的设备的安全性，在没有正确安装和更新系统漏洞的情况下可能容易受到攻击。
- 网关很好地将传统设备融入物联网中，但是由于从未打算将这些传统设备连接到物联网中，所以它们甚至没有最基本的安全保护措施。网关需要充当“帮手”来保护边界安全。
- 物联网的范围非常大。在考虑解决方案时，我们需要考虑设备层、通信层和云端的安全性，从而了解部署的潜在威胁。
- 物联网设备用于不同的场景时，安全风险大不相同。例如，温度传感器可以用在家庭或核反应堆中，每个场景都有不同的终端安全、数据保护和加密要求。

- 机器对机器(Machine-To-Machine，M2M)通信在设备身份方面提出了更大的挑战。安全解决方案必须对设备数据和身份的准确性进行验证，同时确保数据在传输到云端时受到保护。

2.3　不充分的认证与授权

2.3.1　物联网中的认证

物联网架构的核心是身份认证层，用于提供和验证物联网实体的身份信息。当连接的物联网/ M2M 设备(例如嵌入式传感器和执行器或端点)需要访问物联网基础设施时，信任关系基于设备的身份开始启动。对于物联网设备来说，存储和呈现身份信息的方式可能存在很大的不同。注意，在典型的企业网络中，端点可以通过人工凭据(例如，用户名和密码、令牌或生物特征)来标识。物联网/M2M 端点必须通过非人为干预的方式进行指纹识别。这些标识包括 RFID、共享密钥、X.509 证书、端点 MAC 地址或者某种基于不可更改的硬件的信任根。

通过 X.509 证书建立的身份提供了一个强大的认证系统。但在物联网中，许多设备可能没有足够的存储空间来存储证书，或者甚至没有执行验证 X.509 证书(或任何类型的公钥操作)加密操作所需的 CPU 能力。

现有的指纹识别协议，如 802.1AR 和 IEEE 802.1X 定义的身份认证协议，可用于那些能管理 CPU 负载和内存以存储强认证证书的设备。然而，新形态以及新模式的挑战，为进一步研究限定条件下的认证协议创造了机会，比如占用空间更小的凭据类型以及计算密集程度较低的密码结构和认证协议。

2.3.2　授权

物联网架构的第二层是授权，控制设备在整个网络结构中的访问权限。该层通过利用实体的身份信息建立在核心认证层上。通过身份认证和授权组件，物联网设备之间建立了信任关系，从而交换适当的信息。例如，一辆汽车可能与同一个供应商的另一辆汽车建立信任关系，但是这种信任关系可能只允许汽车交换其安全功能。当同一辆汽车与其经销商的网络建立可信的关系时，可以允许汽车共享额外的信息，如里程表读数，最后维护记录等信息。

幸运的是，当前的策略机制既可以管理和控制对消费者和企业网络的访问，也能够非常好地满足物联网/M2M 的需求。未来面临的巨大挑战将是构建一个能够扩展以及处理数十亿具有不同信任关系的物联网/M2M 设备的体系结构。整个网络中将应用流量策略和恰当的控制，来对数据流量进行分割并建立端到端的通信。

2.3.3 认证与授权不充分

在互联网中，用户通常用密码进行认证，浏览器通过安全套接字层(Secure Sockets Layer，SSL)协议对网站进行认证。在物联网中，连接到物联网系统的新设备应能够在接收或传输数据之前对自己进行身份认证。深度嵌入式设备通常没有用户坐在键盘后面等待输入访问网络所需的凭据。那么，如何才能确保在授权之前正确识别这些设备？正如用户身份认证允许用户根据用户名和密码访问公司网络一样，机器身份认证也允许设备根据存储在安全存储区中的认证凭据访问网络。

确保物联网系统内每个组件的安全性，对于防止恶意行为以未经授权的方式利用物联网传播是非常重要的。在物联网中，恶意行为可以利用以下一些新威胁和攻击媒介。

在基于物联网的工业控制系统(如 SCADA)中、可植入的、制造工厂物联网和其他物联网的物理实现：

- 访问并操纵控制系统、车辆、甚至人体(WBAN)，进而造成伤害或更严重的情况。
- 医疗保健提供商可以通过修改健康信息或操纵传感器传输不正确的数据，实现对患者的不正确诊断和治疗。

- 入侵者可通过攻击电子遥控门锁，进入家庭或企业。

1. 个人

- 通过对基于资产使用时间和持续时间的使用模式跟踪，可以对人的位置进行未经授权的跟踪。这种跟踪行为和活动可以通过检查基于位置的感知数据来进行，这些数据通常是在没有明确通知本人的情况下收集到的；通过对这些数据的分析暴露了使用模式和允许进一步分析活动。
- 通过小型物联网终端提供的持续远程监视功能进行非法监视。
- 通过检查网络和地理跟踪以及物联网元数据，可以创建不合适的个人档案和分类。

2. 业务领域

- 通过检查网络和地理跟踪以及物联网元数据，可以创建不合适的个人档案和分类。
- 通过使用未经授权的 POS 和 POS 访问，操纵金融交易。
- 由于无法提供服务而产生的财产损失。
- 破坏、盗窃或破坏部署在偏远地区、缺乏实体安全控制的物联网资产。

3. 物联网的访问能力

- 能够通过利用和更新嵌入式设备(例如，嵌入汽车、房屋、医疗设备)的软件和固件，来获得对物联网边缘设备未授权的访问，从而实现对数据的操纵。
- 能够通过危及物联网边缘设备并利用信任关系来获得对企业网络的未授权访问。
- 能够通过危及大量物联网边缘设备来创建僵尸网络。
- 能够通过获取软件的可信商店中的核心应用组件，伪装成物联网终端。
- 基于供应链中的安全问题安置未知的受损设备。

2.3.4 物联网设备认证不足

物联网设备在发送信息或执行某些操作时，必须向本地网关进行身份认证。转发数据时，网关应该对云端进行身份认证。能够分析和呈现这些数据的物联网应用程序在请求数据时也必须向云端进行身份认证。所有上述认证是通过安全令牌实现的，即一个角色通过在其消息中包含先前获得的令牌来认证另一个角色，令牌用于识别第一个角色，并使第二个角色能够做出相应的授权决策。

- 用户认证时，相关用户应该掌握如何收集、共享和分析数据。
- 身份认证工具：OAuth 2.0 和 OpenID Connect 1.0 是两个标准化的认证和授权框架，明确支持上述模型。这两种工具都使用户能够显式地参与向寻求用户数据的应用程序(健康或其他)发布令牌，从而能够实现有意义的隐私控制。此外，OpenID Connect 1.0 还提供内置的发现和注册机制，这样的机制在将任何体系结构扩展到物联网所创建的角色数量方面非常重要。

挑战：一个挑战是迄今为止 OAuth 和 Connect 只能绑定到 HTTP。安全专家认为，对于物联网中的许多交互，特别是业务/设备和其他角色之间的交互，HTTP 是不够的。一些新的协议便应运而生，它们比 HTTP 更适合这种交互，包括 MQ Telemetry Transport 和 Constrained Application Protocol。有关将 OAuth 和 Connect 绑定到物联网优化协议的新类别的内容已有早期探索，目前仍在研究中。

2.4 不安全的访问控制

大多数计算机网络和在线服务的现有架构都是基于角色的。首先，建立用户的身份，然后根据用户在组织内的角色确定他或她的访问权限。这适用于大多数现有的网络授权系统和协议(RADIUS、

LDAP、IPSec、Kerberos、SSH)。用户身份被验证之后，在线的应用程序和服务，通常会依赖存储于用户浏览器中的 HTTP cookie。虽然个人授权系统可能在建立用户身份方式上有所不同，或者将身份映射到角色的方式以及访问限制不同，但该机制始终涉及对用户的识别。

其次，应用不同形式的资源和访问控制。内置于操作系统中的强制或基于角色的访问控制限制了设备组件和应用程序的权限，因此它们只访问完成工作所需的资源。如果任何组件受到威胁，访问控制可确保入侵者尽可能少地访问系统的其他部分。基于设备的访问控制机制类似于基于网络的访问控制系统，如 MAD(Microsoft Active Directory)：即使有人设法窃取企业凭据以访问网络，泄露的信息将仅限于经特定证书授权的网络特定领域。最小权限原则规定，只赋予执行某项功能所需的最小访问权限，以将任何安全损失的可能性降至最低。

2.4.1　基于角色的访问控制系统

计算机系统中常用的基于角色的访问控制系统是不适用于物联网设备的。在基于角色的访问控制系统中，单个设备的标识可能是未知的，也可能是无关紧要的。访问控制通常基于其他规则/标准，如位置、体系结构等。即使是最简单的普通场景，对物联网来说也很难实现，比如设备只可控制位于同一个房间的灯，这种情况下需要更加通用的基于属性的访问控制系统。OAuth 是一个用于应用程序(而不是用户)的访问控制系统，但要求应用程序通过提交令牌来证明其身份。

2.4.2　基于访问控制列表的系统

访问控制列表(Access Control List，ACL)是一个表，可以告诉物联网系统每个用户/应用对应的物联网节点的所有访问权限。每个节点或设备都有一个标识其 ACL 的安全属性。图 2-3 显示了一个基于 ACL 的系统，其中最常见的权限包括访问或控制物联网设备的能力。

图 2-3　基于 ACL 的系统

基于 ACL 的物联网系统是指适用于物联网系统上可用的设备或设备地址的规则，每个规则都有一个允许的物联网用户/应用程序列表。

2.4.3　基于能力的访问

现有的访问控制方法不适用于物联网。例如 FTP，其中服务器监听 IP 地址上的给定端口，这两个端口都是公共信息。任何人都可以在这个阶段连接到服务器。为了限制访问，我们可以使用用户名和密码，从而提供所需的安全性。作为 ACL 的一个实例，这种方法是无法扩展的，因为会有越来越多的用户加入和被撤销(Computerworld，2010；ETSI TR103 167 v0.3.1，2011)。而且，管理 ACL 的复杂性也取决于端点-设备(这可能是一个瓶颈)。更具可扩展性和安全性的方法是使用“能力”(ETSI TR103 167 v0.3.1，2011；Duqu，2011)。从本质上来说，能力是一种密码密钥，它提供对某种能力(如通信)的访问，如图 2-4 所示。

物联网系统依靠的是收集信息、数据或执行某些操作的终端节点。这些物联网终端节点以独立设备形式存在，如智能传感器或智能仪表，或者被嵌入大型信息采集系统(如连接的车辆、控制系统等)中。数据的采集和存储，由这些物联网终端节点处理，也可以通过后端服务(通常托管在云端)共享。数据分析系统可以使数据有意义，并在某些情况下指示组件执行某些操作。

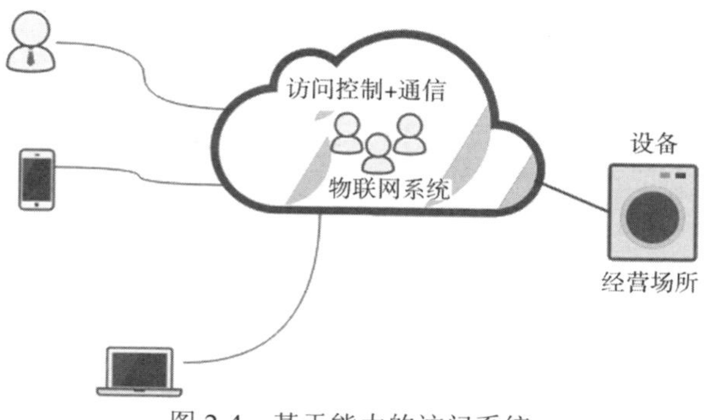

图 2-4　基于能力的访问系统

2.4.4　访问控制面临的挑战

在物联网的访问控制中存在诸多挑战，如弱口令、不安全协议、密码加密功能弱等。我们总结的访问控制中的挑战如下：

- 据报道，用于控制物联网设备的所有移动应用程序中有 19%未使用 SSL 连接到云端。这可能会导致连接攻击或中间人攻击(Man In The Middle，MITM)。
- 大多数现有设备无法提供客户端和服务器之间的双向认证。
- 许多物联网设备不支持强密码。
- 部分物联网云端接口不支持双因素身份认证(Two-Factor Authentication，2FA)。
- 许多物联网服务没有采取锁定或延迟措施来保护用户账户免遭暴力破解攻击。
- 物联网云平台包含常见的 Web 应用程序漏洞。
- 只控制物联网设备而不执行任何深度测试，包括未经授权的对后端系统的访问。
- 即便具备更新机制，大部分物联网服务也不提供签名或加密的固件更新。

实际上，使用弱口令是物联网设备中反复出现的安全问题。在设计物联网系统时，应避免使用弱口令，见图 2-5。

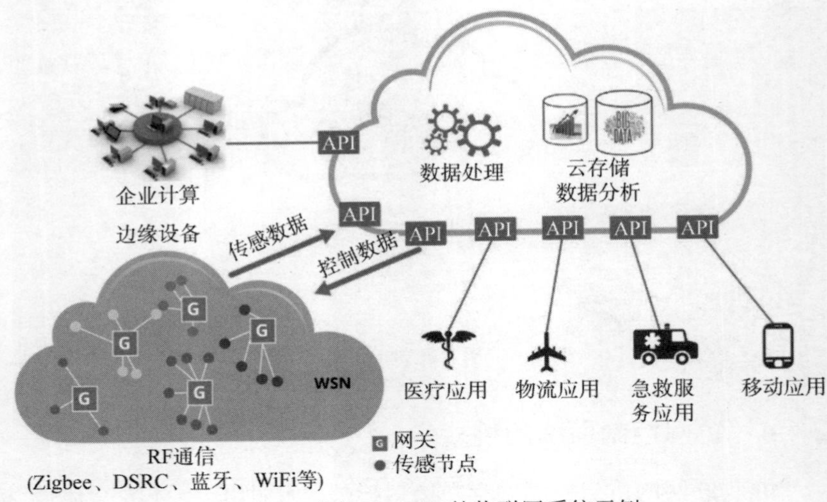

图 2-5　一个基于 WSN 的物联网系统示例

2.5　访问控制、隐私和可用性威胁

表 2-2 总结了物联网终端节点存在的潜在安全威胁和安全漏洞，表 2-3 分析了感知层的安全威胁和安全漏洞。

表 2-2　物联网终端的安全威胁和脆弱性

安全威胁	描述
未授权访问	由于物理捕获或逻辑攻击导致端点的敏感信息被攻击者捕获
可用性	由于物理捕获或逻辑攻击导致终端节点停止工作
欺骗攻击	通过恶意软件节点，攻击者通过伪造数据成功伪装成物联网终端设备、终端节点或终端网关
利己威胁	一些物联网终端节点停止工作，以节省资源或带宽，导致网络故障

(续表)

安全威胁	描述
恶意代码	病毒、木马和垃圾邮件，可能导致软件故障
拒绝服务(DoS)	试图使其用户无法使用物联网终端节点资源
传输威胁	传输中的威胁，如中断、阻塞、数据操纵、伪造等
路由攻击	在路由通路上攻击

表 2-3　感知层安全威胁和漏洞分析

物联网终端节点威胁和漏洞	物联网终端	物联网终端节点	物联网网关
非授权访问	√	√	√
自私威胁		√	√
欺骗攻击		√	√
恶意代码	√	√	√
拒绝服务(DoS)	√	√	√
传输威胁			√
路由攻击	√	√	√

在用户面临安全风险之前，为了保护设备在物联网架构层的安全，应采取以下措施：(1)实施物联网的安全标准，确保所有设备都符合特定的安全标准；(2)建立可靠的数据传感系统，审查所有设备/组件的安全性；(3)从法律上识别和追踪用户的来源；(4)物联网终端节点的软件或固件应该实现安全设计。

开放式 Web 应用程序安全项目(Open Web Application Security Project，OWASP)的十大物联网漏洞列表总结了围绕这类设备的大部分问题和攻击媒介：

- 不安全的 Web 接口；
- 不足的认证与授权；
- 不安全的网络服务；
- 缺乏传输加密；
- 隐私问题；

- 不安全的云端接口；
- 不安全的移动设备接口；
- 不充分的安全配置；
- 不安全的软件/固件；
- 物理安全性差。

2.5.1 网络层威胁

网络层的安全需求包括：

- 总体安全要求：包括机密性、完整性、隐私保护、身份认证、组身份认证、密钥保护、可用性等。
- 隐私泄露：由于有些物联网终端位于不可信的地方，使攻击者在物理上发现用户身份等隐私信息，由此带来潜在的风险。
- 通信安全：涉及物联网通信中的信令的完整性和机密性。
- 过度连接：过度连接的物联网可能会面临失去对用户控制权的风险，可能会导致两个安全问题：(1)DoS 攻击：信令认证所需的带宽会导致网络拥塞，进一步造成 DoS。(2)密钥安全性：对于过度连接的网络来说，密钥操作可能会导致网络资源的消耗。
- 中间人攻击：攻击者与受害者建立了独立的连接，并在受害者们之间传递消息，使受害者相信他们通过私人连接直接对话，但实际上是攻击者控制着整个对话。
- 网络信息伪造：攻击者可以伪造信令来隔离/误操作物联网的设备。

表 2-4 和表 2-5 总结了网络层可能存在的安全威胁，分析了潜在的安全威胁和漏洞。

针对物联网开发的网络基础设施和协议与现有的 IP 网络不同，需要特别关注的安全问题有：(1)认证/授权，包括密码、访问控制等漏洞；(2)安全传输加密，对这一层的传输加密至关重要。

2.5.2 感知层威胁

服务层的安全要求包括：

- 授权、服务认证、组认证、隐私保护、完整性、密钥安全性、不可抵赖性、抗重放攻击、可用性等。
- 隐私泄露：这一层的主要关注点涉及隐私泄露和恶意位置跟踪。
- 服务滥用：物联网中的服务滥用攻击涉及：(i)非法滥用服务。(ii)滥用未被认可的服务。
- 节点标识伪装。
- DoS 攻击。
- 重放攻击，攻击者重新发送数据。
- 服务信息嗅探器和操纵。
- 服务层上的拒绝，包括通信否认和服务否认。

表 2-4　网络层安全威胁

安全威胁	描述
数据泄露	将安全信息发布到不受信任的环境
传输威胁	信令的完整性和机密性
DoS	试图使其用户无法使用物联网终端节点资源
公私钥	网络中的密钥的协商
恶意代码	病毒、木马和垃圾邮件，可能导致软件故障
路由攻击	在路由通路上攻击

表 2-5　网络层的安全威胁和脆弱性

	隐私泄露	机密性	完整性	DoS	PKI	MITM	请求伪造
物理防护	√	√					√
传输安全		√	√	√	√	√	√
过度连接			√	√	√		
跨层融合	√	√				√	√

安全解决方案应能保护这一层上的操作免受潜在的威胁。表 2-6 总结了服务层的安全威胁。

确保服务层中的数据安全至关重要，但十分困难。它涉及分散的、充满竞争的标准和专用解决方案。面向服务的体系架构对于提高这一层的安全性非常有帮助(Atzori et al.，2010; Esad-Djou，2014)，但在构建物联网服务或应用时仍然需要面对以下挑战：(1)服务之间和/或层之间的数据传输安全性；(2)安全的服务管理，如服务识别、访问控制、服务组合等。

表 2-7 总结了物联网应用接口层的安全威胁和漏洞。

在表 2-8 中，分析了应用接口层中的安全威胁和潜在漏洞。

表 2-6 服务层中的安全威胁

安全威胁	描述
隐私威胁	隐私泄露或恶意位置跟踪
服务滥用	未经授权使用访问服务或授权用户访问未订阅服务
身份伪装	物联网终端设备、节点或网关被攻击者伪装
服务信息操作	服务中的信息由攻击者操纵
拒绝	否认操作已完成
DoS	试图使其用户无法使用物联网终端节点资源
重放攻击	攻击重新发送信息来欺骗接收者
路由攻击	在路由通路上攻击

表 2-7 应用接口层中的安全威胁

安全威胁	描述
远程配置	无法在接口上配置
错误配置	远程物联网终端节点、终端设备或终端网关的配置错误
安全管理	日志和密钥泄露
管理系统	管理系统失效

表 2-8　应用接口层中的安全威胁和脆弱性

	非授权访问	节点故障	伪造	自私节点	木马、蠕虫、病毒	隐私泄露
物理防护	√	√	√			
防病毒、防火墙				√		
访问控制	√	√	√			√
机密性	√	√	√			√
数据完整性		√	√	√	√	
可用性						
认证	√	√	√			√
不可抵赖性	√	√	√			√

应用接口层将物联网系统与用户应用程序桥接在一起,这应该能够确保物联网系统与其他应用程序或用户的交互是合法可信的。

2.5.3　物联网的跨层威胁与物联网的维护

物联网架构中的信息可以在所有 4 层之间共享,以实现服务和设备之间的全面互操作性。这带来了许多安全挑战，例如信任保证、用户隐私和数据安全、层间安全数据共享等。在图 2-2 所描述的物联网架构中，信息在不同层之间交换，这可能导致潜在威胁，如表 2-9 所示。

表 2-9 物联网架构中各层之间的安全威胁

安全威胁	描述
边界敏感信息泄露	敏感信息没有在边界实施保护
身份欺骗	不同层次的身份有不同的优先级
敏感信息在层间传播	敏感信息在不同层面传播，并导致信息泄露

这一层的安全需求包括：(1)安全保护，确保设计和执行时段的

安全；(2)隐私保护，物联网系统内的个人信息访问，隐私标准和增强技术；(3)信任必须是物联网架构的一部分并且必须是内置的。

物联网的维护可能会导致网络配置、安全管理和应用管理等安全问题。表 2-10 总结了可能导致物联网风险的潜在威胁。

表 2-10　物联网架构中层间的安全威胁

安全威胁	描述
远程配置	无法配置远程物联网终端节点、终端设备或终端网关
错误配置	远程物联网终端节点、终端设备或终端网关的配置错误
安全管理	物联网节点上的日志和密钥泄露
管理系统	管理系统失效

2.6　针对物联网的特定攻击

物联网应用可能会遭受大多数类型的网络攻击，包括窃听、数据修改、身份欺骗、基于密码的攻击、DOS 攻击、中间人攻击(MITM)、密钥攻击、嗅探攻击以及应用层攻击。实际上，近来已经出现了更多针对物联网的特定攻击。攻击者可以通过多种方式拦截或改变智能家居设备的行为。有些攻击方式需要对设备进行物理访问，这种攻击方式相对困难。有些攻击可以通过互联网从远程进行。下面列出了攻击者具有不同访问级别时的不同攻击场景。

2.6.1　物理访问

如果攻击者获得物理访问权限，那么可以获得智能家居设备的最高级别访问权限。虽然这看似是不可能实现的攻击路径，但仍是一个可能的威胁。您的朋友可以通过物理访问您的物联网设备，在您访问时玩恶作剧。您的前男友或女友也可以尝试重新配置设备，这样他们仍然可以访问您的家庭。对于某些设备，如安全摄像机，攻击者可以简单地切断电源将其关闭。

另一个可能的物理接入攻击场景是利用了二手物联网设备市场。有些用户可能会从互联网上购买旧设备，这样可以省不少钱，但最终却买到了一个监视自己的设备。

智能家居设备也可能通过供应链实现黑客入侵。在这种情况下，攻击者会进入一家供应商公司的网络，并对他们的软件更新系统进行攻击，从而将威胁传播到所有下载已中毒的更新的设备中。这不是一个新的攻击场景，我们已经看到攻击组织多次进行供应链攻击，将其恶意软件传播到传统计算机上，比如在一些“隐匿山猫”(Hidden Lynx)攻击者活动中。而且目前还没有一种简单的方法来验证物联网设备有没有被篡改。

通过物理方式访问设备，攻击者可以更改配置。这可能会导致包括发出新的设备配对请求，将设备重置为出厂设置并配置新密码，或者安装自定义 SSL 证书，并将流量重定向到攻击者控制的服务器上。

经验丰富的攻击者也可以通过物理访问读取设备的内部存储器及其固件。他们可以通过访问电路板上留下的编程接口来实现，如 JTAG 和 RS232 串行连接器。一些微控制器可能已经禁用了这些接口，但是如果攻击者通过焊接将引脚引出，仍然可以直接从连接的存储器芯片中读取数据。

读取内部存储器并逆向分析固件，攻击者可以更好地了解设备的工作方式，从而找到可能用于执行进一步攻击的漏洞、加密密钥、后门或设计缺陷。如果攻击者完全了解固件，他们可以利用这些知识创建他们自己的含恶意程序的固件，并将其上传到设备。这可以让攻击者完全控制设备。这种重新刷写设备的操作可以通过 JTAG 或 RS232 连接进行。

大多数新设备为用户提供了在设备整个生命周期内更新固件的方法。这些更新可以通过 USB、SD 卡或通过网络实现。大多数测试设备未使用加密或数字签名的固件更新，这使攻击者可以轻松生成有效的含恶意代码的固件以便安装。

2.6.2 通过 Wi-Fi 的本地攻击

通过无线或以太网连接访问本地家庭网络的攻击者，能够对智能家庭设备执行各种攻击。通常有两种常见的智能家居设备攻击模式：云轮询和直接连接。这取决于智能家居设备的具体功能，设备可以使用这两种方法中的任何一种来接收命令。

第 3 章

物联网的安全性和脆弱性

本章将介绍物联网的保密和密钥问题，并阐述物联网不同于Web应用的密钥生成方式，重点从性能、挑战和实践指导方面进行介绍。另外还将探讨物联网中关于隐私保护和保密的典型问题，以及在物联网中能够可靠传输的信息量的基本限制。

3.1 保密和密钥容量

物联网逐渐成为工业中的一项关键技术，而且物联网市场正处于快速增长的阶段，大量物联网设备都是针对商业应用和消费应用而开发的。在物联网系统当中，物联网设备、物联网服务和物联网业务流程之间的连接应确保高可靠、高安全和高性能。但目前，物联网建设仍然缺乏统一的标准，很多组织机构正在致力于制定物联网相关的工程标准，而没有任何一家公司能够覆盖所有物联网环节(如智能传感器、通信协议、可信网络、数据、物联网服务、应用程序或云接口等)。因此应该针对物联网设备、通信协议和知识产权等建立相关的共享机制，这样才能在集成化、安全化的基础上开发物联网服务。

近年来，人们对物联网的轻量级密码技术投入了大量研究，传统密码学是针对应用层设计，但没有考虑底层缺陷，这意味着很难将现有密码原语直接应用于物联网。

目前，业界提出诸如物理层加密和轻量级加密之类的底层安全设计思路，更适用于资源(计算能力、内存、能源供应等)有限的物联网设备。另外，物联网网络层的隐私和安全问题在世界各地愈演愈烈，越来越受关注，因此物联网安全性被视为与物联网各层和各组件密切相关的不可忽视的重要方面。

在物联网中，应用和服务保密正在受到开放性技术需求的挑战。Wyner(1975)和Korner(2002)首次提出物理层安全方案和轻量级密码学在资源有限物联网设备上应用的思想和理念。他们研究了一个信道模型，通过结合“窃听信道”，收发器试图在噪声信道上与合法接收器进行安全、可靠的通信，此时消息在另一个噪声信道被动地被窃听。同香农信息理论安全性的不实用相比，窃听模型证明了窃听信道上存在实现信息理论的安全通信的编码方案。

由于无线通信是物联网的基本通信方式，使用场景极其广泛，从本质上来讲，无线网络非常容易被窃听，其无处不在的部署使得安全成为一个关键问题，如图 3-1 所示，其中物联网终端 T1 和 T2 通过无线信道 A 和 B 与汇聚网关 S 进行通信，终端 T2 可以通过信道 C 监听 T1 的传输通信以获取机密信息。若端点 T1 想要交换密钥或者保证其传输信息的机密性，那么它可利用无线信道的物理属性进行编码确保信息安全性，以防终端 T2 的窃听。

各种衰落窃听信道的机密性限制已经有相关研究结论(Li et al.，2015)。保密容量的理论基础(即窃听者无法正确解码任何信息的最大传输速率)等于两信道容量之间的差异。在这种情况下，除非高斯主信道具有比高斯窃听信道更好的信噪比(Signal-Noise Rate，SNR)，否则保密通信是不可能的。

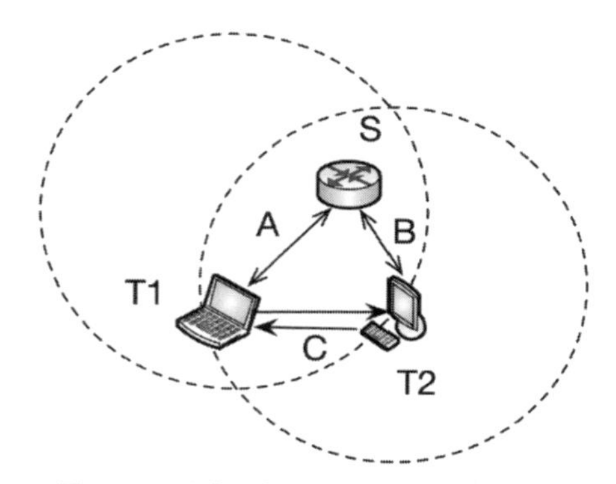

图 3-1　无线网络潜在的窃听风险示例

图 3-2 是一个无线通信中保密容量的简单示例。一个合法的物联网用户 Alice 希望将信息 w 发送给 Bob，Bob 是物联网中的另一个合法用户。信息块 w^k 被编码为码字 $x^n=[x(1), x(2), \dots, x(n)]$，信道输出为：

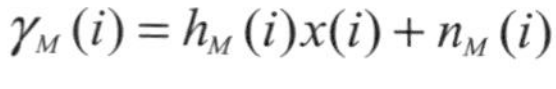

$$\gamma_M(i)=h_M(i)x(i)+n_M(i)$$

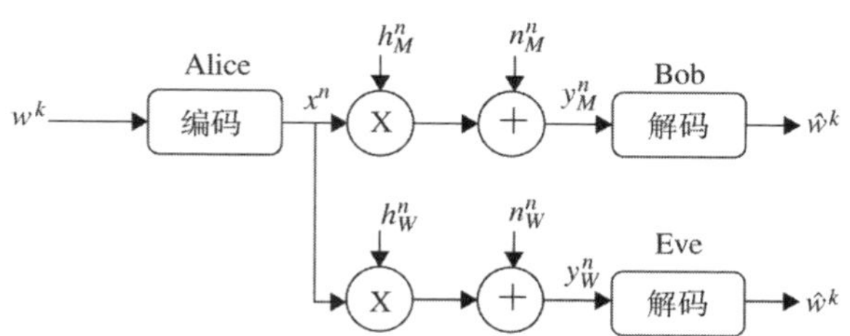

图 3-2　无线通信中保密容量的简单示例

其中 $h_M(i)$ 为信道边信息(时变复衰落系数)，$n_M(i)$ 为零均值复高斯噪声。若第三方用户 Eve 能从开放的无线信道窃听信号：

$$\gamma_W(i)=h_W(i)x(i)+n_W(i)$$

用 P 来表示平均发射信号功率，则信道就会受到功率限制：

$$\frac{1}{n}\sum_{i=1}^{n}E[|X(i)|^2]\leqslant P$$

主信道噪声功率为 N_M，窃听信道噪声功率为 N_W。则 Bob 的瞬时 SNR 为：

$$\gamma_M(i) = P\,|\,h_M(i)\,|^2 \,/\, N_W = P\,|\,h_M\,|^2 \,/\, N_W = \gamma_M$$

类似的，Alice 的 SNR 为：

$$\gamma_W(i) = P\,|\,h_W(i)\,|^2 \,/\, N_W = P\,|\,h_W\,|^2 \,/\, N_W = \gamma_W$$

基于上述等式容易得到平均信噪比。Alice 和 Bob 之间的传输速率 R 可定义为：

$$R = H(W^k)/n$$

错误概率可定义为：

$$\mathscr{P}_{\varepsilon}^{k} = \mathscr{P}(W^k \neq \widehat{W}^k)$$

那么可以计算出 Alice 和 Bob 之间的最大传输速率和 Eve 关于 w 的不确定性。主信道的保密容量可以定义为 Δ 等于 1 时的最大传输速率 R(Barros and Rodrighues，2006)。

近年来，业界已经对不同通信系统中的保密容量进行了一些研究，这对于由支持各种通信系统的物联网设备所构成的物联网系统非常重要。基于保密容量，可以开发诸如密钥协商之类的安全方案。我们可以期望在这种结构上研制出安全密钥协商协议，并且可以给物联网系统带来强健的认证方案。

3.2 智能设备的身份认证/授权

密码是一种常用的身份认证方法。在物联网中，必须提供安全的身份认证，以保护在物联网系统以及在云端共享的由传感器终端采集的敏感数据。大多数现有的互联网网站都使用密码，并通过安全套接字(SSL)协议对站点进行身份认证。然而，由于物联网规模巨大，在其中很难直接使用 SSL 协议。图 3-3 是一个用于医疗应用的物联网系统示例。

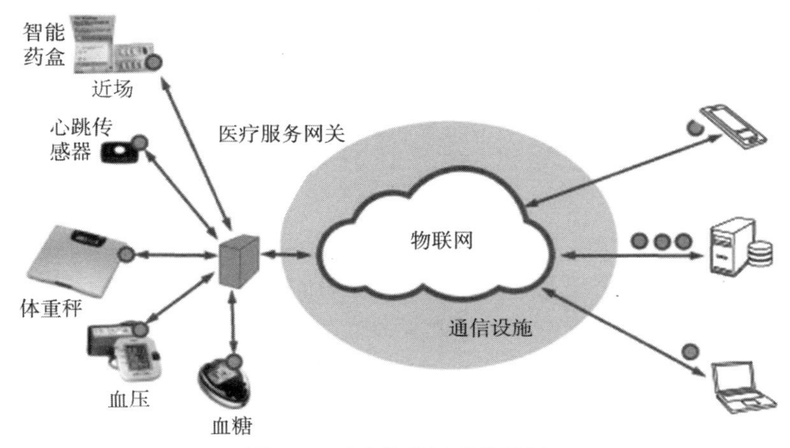

图 3-3　医疗物联网系统示例

在上述物联网系统中，许多医疗设备连接到物联网，在将采集的数据传输之前，必须先从汇聚节点进行身份认证。汇聚节点(医疗服务网关)在转发数据时向物联网所在的云端进行身份认证。物联网服务或物联网应用程序层的应用程序执行分析功能，并且在使用数据之前也必须对物联网系统进行身份认证，现有的物联网方案通常使用基于安全令牌的认证方法来实现。在物联网中有两种常用认证方法：单向认证和双向认证，如图 3-4 和图 3-5 所示。

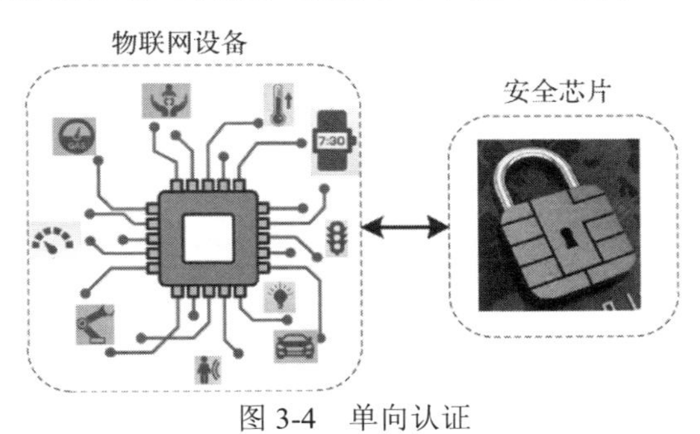

图 3-4　单向认证

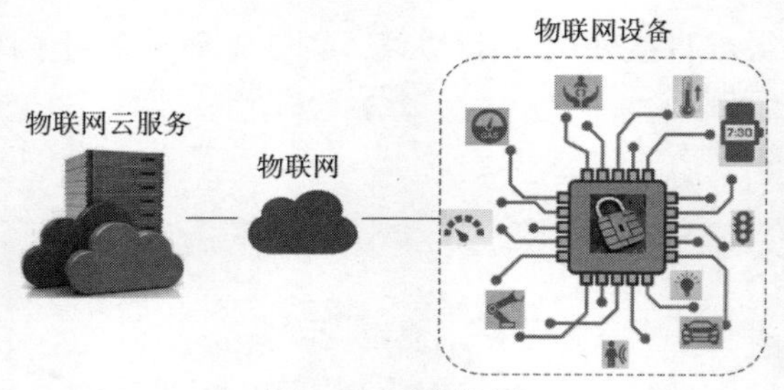

图 3-5　双向认证

近期，物联网中基于 OAuth 的认证方案得到了广泛报道。OAuth 是一个开放的授权标准，通常用于在不暴露密码的情况下登录第三方网站。它以安全委托的方式代表资源所有者向用户提供对服务器的访问，图 3-6 是一个 OAuth 认证示例。

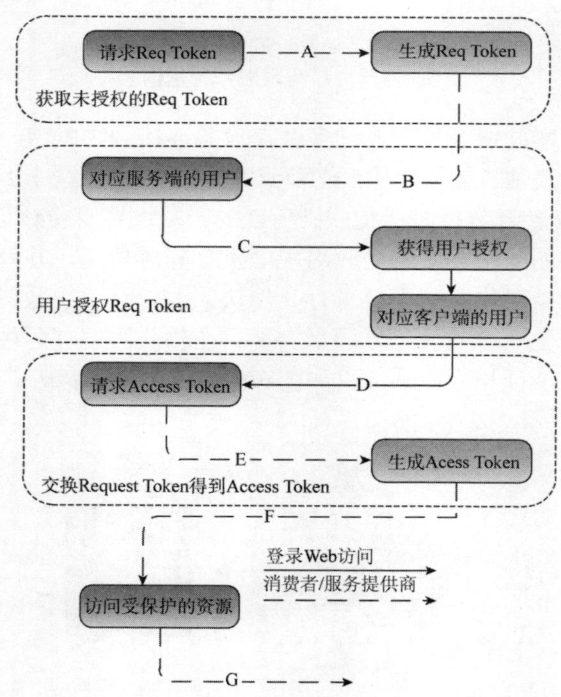

图 3-6　OAuth 流程(左侧是用户，右侧是服务提供商)

在图 3-6 中，实线箭头表示用户使用网页浏览器或手动输入，而虚线箭头表示用户和服务提供商之间的数据流。图 3-7 中给出了图 3-6 中数据流的处理细节。

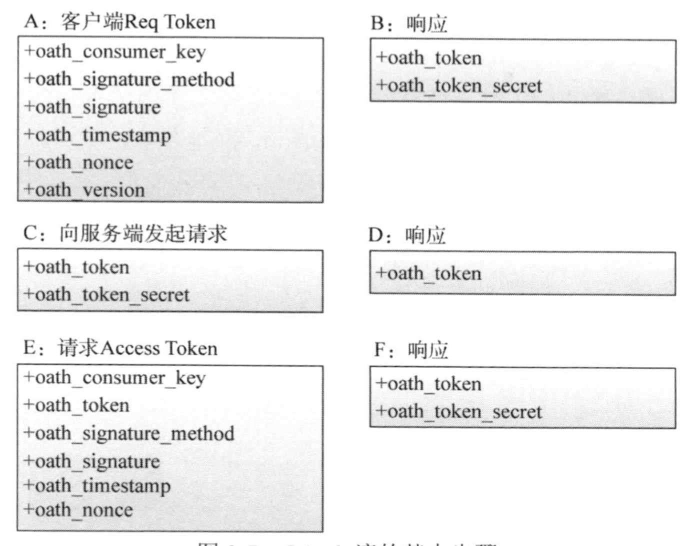

图 3-7　OAuth 流的基本步骤

OAuth 为物联网应用提供应用程序接口(Application Program Interface，API)，而且 OAuth 能够通过以下方式使物联网服务/应用程序和用户受益：

- 允许不可信的应用程序在 API 提供者中代表物联网用户或终端节点执行操作。
- 在不泄露用户密码的情况下验证设备/用户权限以执行操作。
- 为不受信任的用户授予特定权限。

OAuth 2.0 被认为是 Web 应用的下一代认证，它与 OAuth 1.0 不兼容，OAuth 2.0 可以为应用程序、手机或物联网用户/设备/服务提供特定的授权流程。但在物联网中使用 OAuth 2.0 还存在一些挑战：

- 可信凭据和标准 API。在一些物联网应用中，是由国家机构发布的数字标识来识别用户/设备。

- 中央权限管理。大多数物联网终端节点都有自己的安全管理界面，就会使得难于管理。
- 云接口。

OpenID 是分散认证协议的一个开放标准，它允许用户通过使用第三方服务的合作站点进行身份认证。在物联网中，OpenID 是一种较具有前瞻性的设备认证方式。图 3-8 提供了使用 OpenID 进行身份认证的示例。图 3-9 提供了使用 OAuth 身份认证的示例。

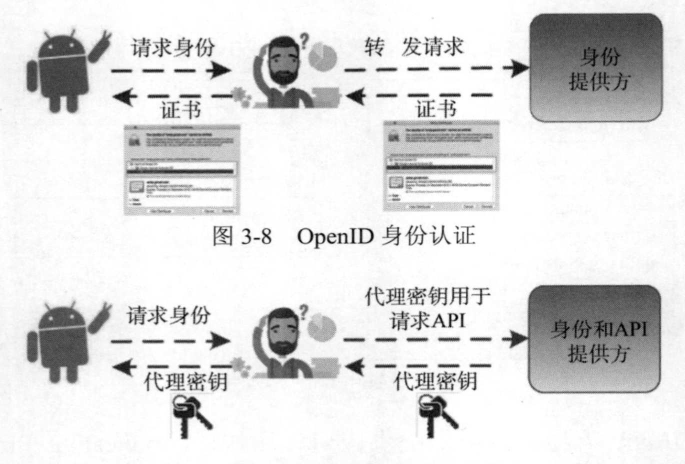

图 3-8 OpenID 身份认证

图 3-9 使用 OAuth 进行伪身份认证

可以看出，对于 OpenID 和 OAuth，身份认证的基本过程类似：

- 请求登录
- 检查请求方是否被认证
- 重定向身份提供方 URL
- 身份提供方验证用户
- 身份提供方通过向请求方发送返回的重定向 URL 来处理请求和响应
- 请求方响应

3.3 传输加密

传输加密涉及传输层安全(Transport Layer Security，TLS)、证书和身份认证。TLS 和 SSL 都是提供网络通信安全的密码协议。正确设计的传输协议会使用 TLS 和 SSL 等安全传输协议确保数据、密钥握手和数据完整性验证。目前在计算机网络中使用的最常见加密方法主要基于三种算法：SSL、TLS 和 HTTPS。

3.3.1 传输层安全

在 TLS 通信中，建立用户与服务器之间的 TLS 连接需要握手，如图 3-10 所示，握手流程如下：

(1) 用户(客户端)向服务器请求。

(2) 服务器将其证书发送给用户。

(3) 用户通过加密一个新的随机数(Premaster Secret)确保 HTTP 服务器身份的正确性，若服务器可以正确解密，则用户可知道服务器端在 HTTP 服务器的证书当中具有与公钥匹配的私钥。

(4) 用户和服务器都发送一条最终的结束消息来验证双方使用相同的会话密钥。

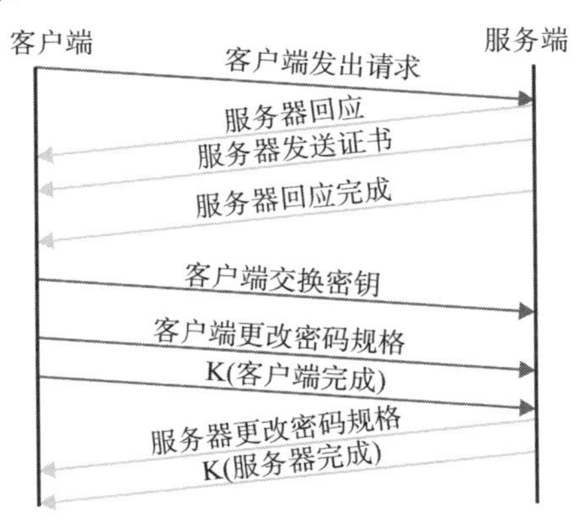

图 3-10　建立 TLS 连接的过程

3.3.2 安全套接层

图 3-11 是一个基本的 SSL 连接示例。SSL 连接涉及以下四个基本步骤：

(1) 用户(客户端)发送安全连接请求。

(2) 服务器响应安全请求。

(3) 用户(客户端)响应。

(4) 建立安全通道。

SSL 协议可为物联网提供足够的传输安全性。

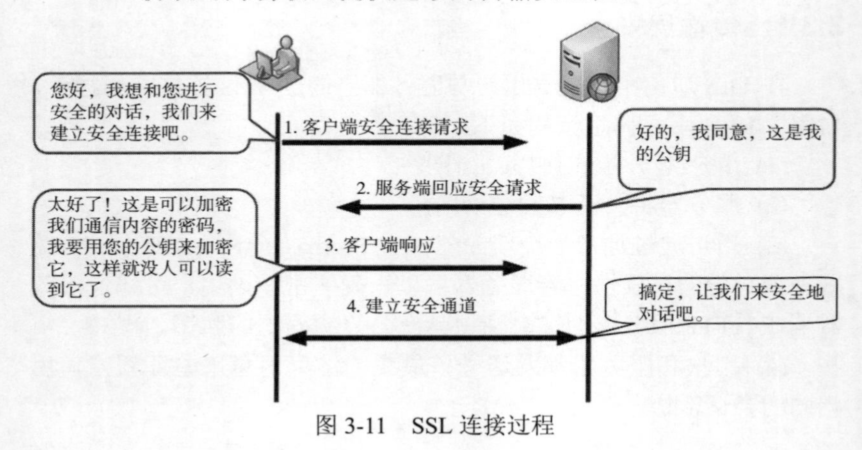

图 3-11　SSL 连接过程

3.3.3 HTTPS

HTTPS 也称为 HTTP over TLS/SSL 或者安全 HTTP。HTTPS 是一种提供安全 HTTP 连接的协议，是专为网站访问身份认证和保护信息交换过程中的隐私安全和完整性而设计的。

HTTPS 能够抵御诸如中间人(MITM)、窃听、篡改、伪造内容等攻击，并为发送者和接收者之间提供双向加密。图 3-12 是一个 Web 服务器和客户端之间使用 HTTP 协议的示例。

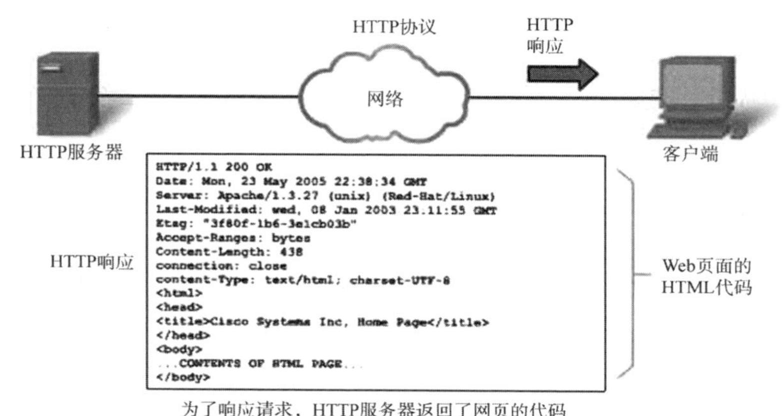

图 3-12　HTTPS 协议应用示例

3.3.4　物联网中的传输可信

物联网中，已经开发出一些轻量级协议来满足安全性、数据传输和资源消耗的需求。消息队列遥测传输(Message Queuing Telemetry Transport，MQTT)和受限应用协议(CoAP)是物联网中最有前景的应用于资源有限物联网设备的两种协议。MQTT 和 CoAP 协议具有以下特点：

- 都是开放标准。
- 易于实现。
- 提供较高的带宽效率和通信效率。

图 3-13 列出了服务器认证、客户端认证、机密性和物联网协议。

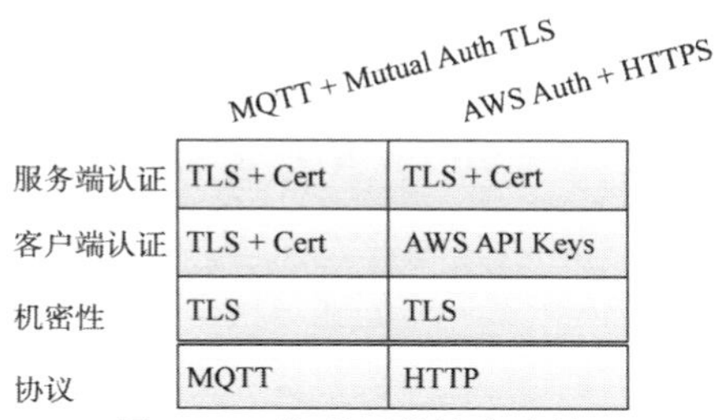

	MQTT + Mutual Auth TLS	AWS Auth + HTTPS
服务端认证	TLS + Cert	TLS + Cert
客户端认证	TLS + Cert	AWS API Keys
机密性	TLS	TLS
协议	MQTT	HTTP

图 3-13　物联网传输安全协议

3.4 安全云/Web 接口

快速扩张的物联网未来会将数十亿台智能设备互联起来，来满足各种业务场景。云在物联网当中扮演着关键角色，它会将物理设备和应用程序安全地连接起来。图 3-14 是物联网云的基本结构，其中物联网终端节点(如传感器、执行器、智能设备等)通过安全的云/Web 接口安全地连接到云端。

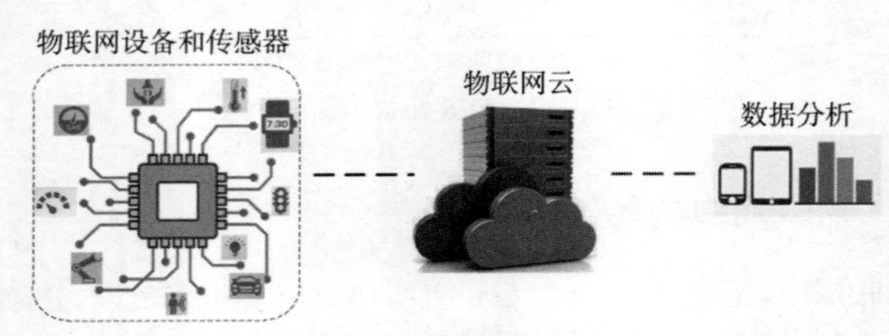

图 3-14 物联网云结构

在图 3-14 中，M2M 网关将物联网设备、网络系统和用户/应用程序连接到物联网云端。由于物联网基础设施日趋复杂，公有云和私有云都被内置，极大地降低了威胁情报和防御的能力。物联网云的基本组件包括以下内容：

- 汇集感知数据的物联网 M2M 网关。
- 规则分析引擎分析数据以提供可视化、情景意识和控制。
- 安全连接。

图 3-15 是一个基于云的物联网服务示例，其中物联网基础设施、用户/应用程序服务和云服务之间的连接必须以非常安全的方式来设计，以保护隐私数据。

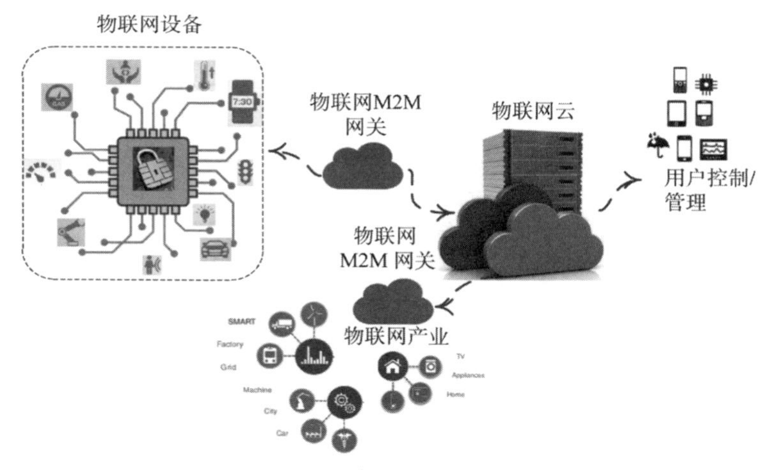

图 3-15　基于物联网云的系统

3.5 安全软件/固件

在物联网系统中，硬件安全可提高物联网应用的安全性：

- 物联网终端节点和基础架构的可靠性可与最终用户的易管理性相结合。
- 工业自动化和智能家居等安全敏感市场出现新的商机。
- 实施分层安全保护以保护物联网资产和应用级服务质量(Quality of Service，QoS)。

在实施物联网功能时，物联网架构应根据物联网的具体特点进行裁剪，以便从早期就规避由物联网新技术带来的相关风险。通常，安全控制涉及以下基本组件：

密钥管理

- 密码原语和控制，包括机密性/加密、完整性和认证
- 密码组件和变量，对称密钥、随机数、熵源/池
- 密钥管理，包括密钥存储/协商、密钥资料审计

协议

- 应用层，App 授权/认证，App 数据机密性、完整性
- 网络层，网络授权/认证，网络信令的机密性和完整性
- 设备授权/认证，设备信令的机密性和完整性

在设备层，需要保证以下安全：

- 设备日志/审计
- 物联网设备安全发现
- 物联网设备访问控制
- 物理安全

许多人尝试仅通过软件方式来保护设备。然而，软件有几个固有和显著的缺点。软件本身是基于程序代码编写的，可以被读取、分析甚至反汇编。

- 软件代码可被渗透、分析和反汇编。
- 基于软件的保护系统，攻击者可以轻松识别其内置密钥。
- 软件安全解决方案与安全硬件的结合，可以使安全防护解决方案变得更加安全可信。
- 结合移动安全。

软件可以被硬件保护，图 3-16 是一个软件/固件升级示例，其中物联网设备支持用已签名的新软件/固件进行升级。基本步骤包括：

(1) 解密软件/固件

(2) 验证签名

(3) 启动更新过程

(4) 更新签名的软件/固件

软件/固件升级的好处包括：

- 增加系统和设备的可靠性和安全性。
- 快速推出更新的设备软件和固件，提供功能增加和错误修复功能。
- 降低成本，避免昂贵的设备召回和软件升级。
- 确保将服务提供给相应设备。

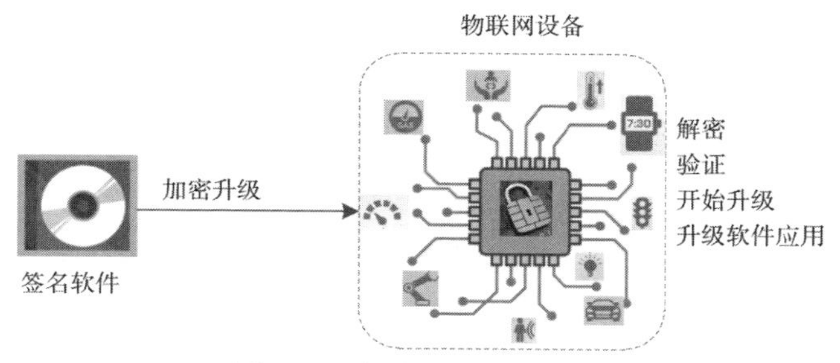

图 3-16　软件/固件升级示例

3.6　物理层安全

在物联网中，物理层安全最近已成为进一步提高物联网系统安全性的新兴技术。与现有加密方式(如干扰、信道安全、热噪声等)相比，利用网络系统的物理层特性来实现加密是一种不同而根本性的方式。物理层安全特性包括：

- 在物理层实施
- 对对方的计算能力没有任何要求
- 对对方的可用信息没有任何要求
- 可以以每秒每赫兹的比特数为单位来进行证明和计算
- 使用信号处理、通信和编码技术来实现

图 3-17 显示了物联网设备的物理安全的基本结构。在这一层中，基于物理层安全漏洞可以发现许多攻击，常见攻击类型包括(图 3-18)：

- 获取物联网设备：关键的物联网设备/节点被攻击者轻易控制，如网关、传感器等设备。导致所有通信密钥等信息泄露，甚至威胁到整个物联网系统安全。
- 伪造物联网设备：攻击者可能会向网络添加虚假或伪造的物联网设备，并输入恶意代码或数据欺骗其他用户或设备。
- 侧信道攻击(Side Channel Attack，SCA)：攻击者针对加密电子设备在运行过程中的能源消耗、时间消耗和无线电干扰之类的侧信道信息泄露而对加密设备进行攻击。

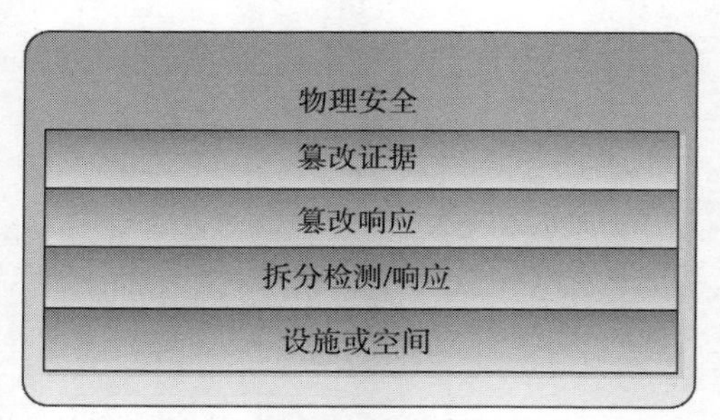

图 3-17　物联网设备的物理安全组件

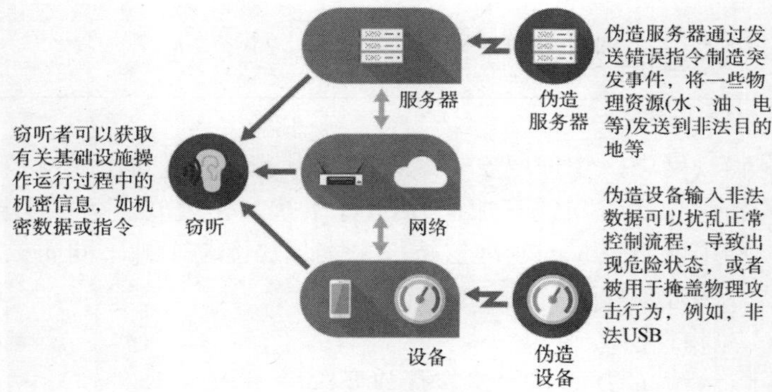

图 3-18　物联网设备伪造攻击模型

- 时序攻击：基于分析执行加密/解密算法所需的时间获得关键数据。

实际上，物联网设备安全解决方案总是在安全性、灵活性、性能、能耗和成本之间进行权衡。图 3-19 显示了设计物联网设备安全解决方案的基本组件。

使用硬件加密也是保护物联网设备的安全方式，可以使用硬件芯片，如专用集成电路(Application Specific Integrated Circuits，ASIC)或现场可编程门阵列(Field Programmable Gate Array，FPGA)，在硬件中实现密码算法。最常用的加密算法包括 RSA、ECC、AES 和 3DES。在 RFID 安全解决方案中通常使用两种安全措施：访问控制和数据加密。无线传感器网络中，子物联网系统的安全性由密钥算法和安全路由协议来度量。

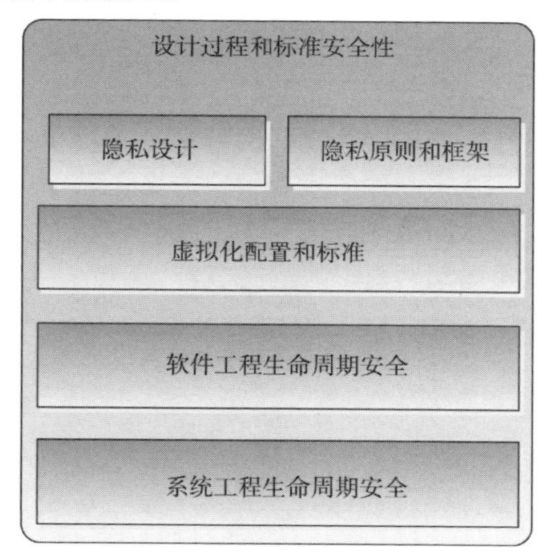

图 3-19　物联网设备的安全设计流程和标准

物联网设备种类繁多，涉及不同的生产制造商，因此不难理解物联网系统会集成来自不同制造商的具有不同安全解决方案的组件。图 3-20 是一个采用硬件安全保护方案的示例。

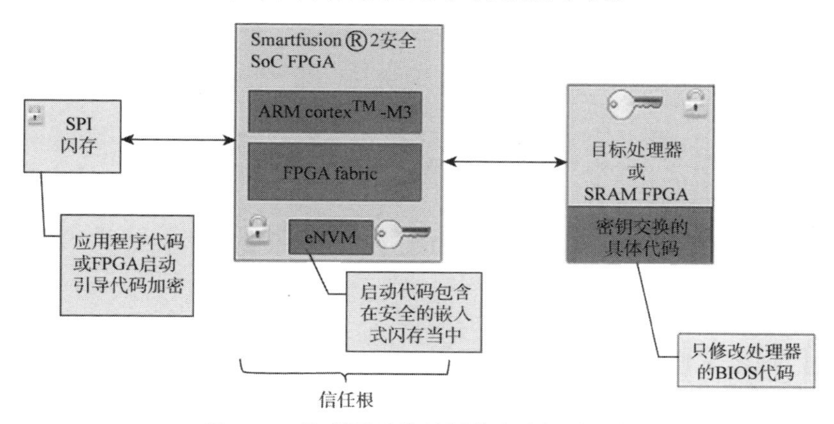

图 3-20　物联网系统的硬件安全解决方案

3.7 本章小结

物联网正在快速发展，众多智能设备汇聚在一起，这给物联网系统带来了脆弱性，并可能为物联网设备、用户和物联网应用带来严重的安全风险。基于硬件的安全解决方案可以保护物联网系统，防止安全威胁发生从而造成经济损失。物联网硬件安全架构仍处于探索阶段，面临着比预期更严峻的挑战。

第4章

物联网节点认证

物联网旨在实现许多下一代技术，例如，智能无线传感器网络(Wireless Sensor Networks，WSN)、智慧城市、智慧家庭和移动健康(Mobile-Health，M-Health)系统，这些场景需要对等认证以及物联网节点和服务器之间安全数据传输这一类安全解决方案来阻止隐私信息泄露和恶意行为。然而，现有基于 IP 的物联网结构和原型没有充分考虑资源受限物联网设备的限制(如能耗、计算资源、通信范围、RAM、FLASH 等)，因此需要更轻量级的安全解决方案来确保资源受限物联网设备的安全。

物联网环境中，终端节点受限于以下几个方面：

- 处理能力，CPU(MCU)处理器，RAM
- 储存空间
- 网络容量
- 用户接口和显示
- 能耗

本章将讨论受限物联网环境中常用的安全保护技术：

- 物联网安全目标
- 基于公钥的认证
- 基于身份的认证、加密和数字签名
- 物联网轻量级密码原语
- 资源受限物联网的安全使能技术
- 现有的物联网安全解决方案

4.1 物联网安全目标

与现有的IP网络相同，在物联网不同场景中，密码学原语被用来满足信息交换和系统本身的主要安全目标。物联网的基本安全目标为：

(1) 机密性：信息只披露给授权实体、用户、节点、设备和服务；机密性是针对设备控制和消息访问。必须保护隐私数据、密钥和安全凭据，以防未经授权的实体访问。

(2) 完整性，原始信息不被篡改：在物联网系统中，不同的应用有不同的完整性要求，例如：电子医疗系统的数据完整性要求比智慧城市应用更严格。

(3) 认证和授权：由于物联网系统中的访问控制和无线通信的本质，设备的连接性使得认证问题加重。

(4) 可用性：供合法实体不间断地使用是系统的任务。物联网系统要是健壮的，能够随时提供访问服务。

(5) 可审计性：为提高物联网环境服务的健壮性，物联网系统的可审计性是必要的。

物联网环境中的攻击技术：

(1) 物理攻击：攻击会篡改物理组件。某些情况下，物联网设备可能部署在室外，给物联网系统带来风险。

(2) 窃听：通信时监听的过程，这也是开展后面两种攻击行为的前期准备。由于在物联网环境中，许多物联网终端节点通过无线互联，每个人都可以访问介质。反窃听的典型手段是加密，但是，若密钥交换方式不安全，窃听者就会对机密性造成威胁。因此，在实际应用中需要安全的密钥交换算法，如 DH(Diffie–Hellman，DH)密钥交换。

(3) 假冒：恶意实体冒充另外一个合法实体，例如重放一条真正的消息，以绕过上述安全目标。中间人攻击(MITM)就属于此种攻击。

(4) MITM 攻击：当恶意实体在两个真正实体的网络通道上，MITM 攻击会发生，它可以延迟、修改或删除消息。MITM 攻击在公钥密码学(Public-Key Cryptography，PKC)中是很有趣的。恶意实体并不是破解参与方的密钥，而是试图成为虚假信任的 MITM。恶意用户通过用自己的密钥替换交换的密钥，这样，每一方与获得访问权限的恶意用户建立安全通道，从而恶意用户得到消息的明文。

(5) DoS(拒绝服务)攻击：对提供服务的系统的可用性进行攻击。它通过耗尽资源使得不能给合法实体提供正常服务。此种攻击的常见方式是触发大量的操作来消耗计算功率、内存、带宽或能量等资源。对资源稀少的受限设备，该攻击是致命的。

(6) 访问攻击：未授权实体获得物联网系统或设备的访问权限。

(7) 其他攻击：如“bad USB”的固件攻击、隐私攻击、RAM 攻击、侧信道攻击、勒索软件等。

4.2　公钥认证

物联网中，认证是识别用户、设备、应用程序并限制访问授权用户、非操纵设备或服务的过程。在此过程中，用户名和基于口令的密码机制提供了物联网上健壮的安全操作。认证机制可以给物联网带来如下好处：

- 为用户提供健壮的设备和安全通信
- 开发物联网新服务

- 避免数据泄露
- 强大的防伪和防篡改功能
- 降低第三方服务风险

基于公钥的认证广泛应用于当前互联网中，然而，在类似物联网受限环境中应用类似密码运算将付出极大代价，因此并不适合。这一部分，我们将研究基于公钥的认证，并分析如何在受限物联网环境中为轻量级密码定制它。物联网终端节点的身份认证是为网络和设备提供基本安全保护的重要一点。物联网节点认证包括：

- 智能对象和具有特定用途、低成本、有限能力的小型设备；
- 物联网、互连物体和启用新应用的用户；
- 物联网节点，这些节点将汇聚现有工作的各个方面，发送海量数据，以不可见、自主的方式通信。

现有的RFC7228：物联网节点网络术语(受限环境)

- 设备分类
- 能源规范
- 休眠策略

表4-1显示了物联网终端节点的资源分类。

表4-1　物联网终端节点资源分类

名称	数据容量(如：RAM)	代码容量(如：内存)
0类，C0	≤10 KiB	≤100 KiB
1类，C1	~10 KiB	~100 KiB
2类，C2	~50 KiB	~250 KiB

密码学被广泛用于保护专用通信网络，已研制出了许多密码算法，如数据加密标准(Data Encryption Standard，DES)，第一个实用的公钥密码RSA算法(Ron Rivest，Adi Shamir and Leonard Adleman，RSA)。

在物联网环境中，节点与基础设施之间的通信需要用公钥密码进行轻量级密钥分发来减轻负担。然而，该方法很难应用于轻量级设备，此类设备不能安装加密模块，如高级加密标准(Advanced

Encryption Standard，AES)、RSA、椭圆曲线密码(Elliptical Curve Cryptography，ECC)。互联网工程任务组(IETF)正在考虑已在 IP 网络中采用的应用传输层安全(TLS)、数据报传输层安全(Datagram Transport Layer Security，DTLS)、IPSec 等。基本的思路是将 DTLS 应用于物联网关键协议——受限应用协议(CoAP)。本节先回顾一下公钥和对称密码基本概念及其在加密中的应用，之后介绍 PKC 和公钥基础设施(Public-Key Infrastructure，PKI)，将重点关注 X.509 证书和原始公钥(RAW Public Keys，RPK)。

物联网认证授权协议的基本目标包括：

- 安全地交换授权信息
- 受限节点间建立 DTLS 通道
- 受限节点上只用对称密钥密码
- 支持 1 类设备
- 适合 RESTful 架构风格
- 减少受限节点对身份认证和授权的管理

认证授权

- 确定感兴趣条目的所有者是否允许实体按其请求来访问
- 认证：验证一个实体是否具有某些属性(参见 RFC4949)
- 授权：授予实体访问感兴趣条目的权限
- 基于认证的授权：使用已验证的属性来确定实体是否被授权

4.2.1　对称密码

对称密钥系统被用来提供消息传输、存储和处理过程中的机密性。对称密钥算法执行两方或多方共享密钥的加密/解密运算。对称密码的难点是密钥从编码器传递到解码器的安全。在收件人不知情的情况下，任何能访问对称密钥的人都能访问/修改/发送该消息。为了解决这些问题，出现了公钥密码或非对称密钥。对称密码算法通常分为流密码和分组密码。AES 是一种常用的分组密码加密算法，应用在网络安全解决方案中。

在对称密钥加密中，密钥K，明文P和密文C长度相同。例如，在AES 128中，K、P、C长度都是128比特(16字节)，加密和解密操作都包括：异或、置换、移位和线性混合运算，这些运算按已知顺序执行。明文一般分成固定长度的多个块：

$$C_i = \text{Encrypt}(K, P_i), \qquad \forall i = 1,...,n$$

这导致相同的明文产生相同的密文，对于已知格式和重复模式的数据包这个特点尤其明显。将随机性引入密码块使得解密攻击变得困难，密码分组链接(Cipher Block Chaining，CBC)可用来在加密前对明文和前一个密文进行异或运算。

在图4-1中，第1个密码块C_0即初始化向量(Initialization Vector，IV)，它和第1个明文的异或将作为输入。由于异或操作导致除IV外所有的其他密文都跟前一个明文块有关，该特性可用于产生认证和完整性保护的CBC消息认证码(Message Authentication Code，MAC)。图4-1中，MAC为最后的密码块C_n。

$$C_i = \text{Encrypt}(K, P_i \oplus C_{i-1}), \qquad \forall i = 1,...,n, C_i = \text{IV}$$

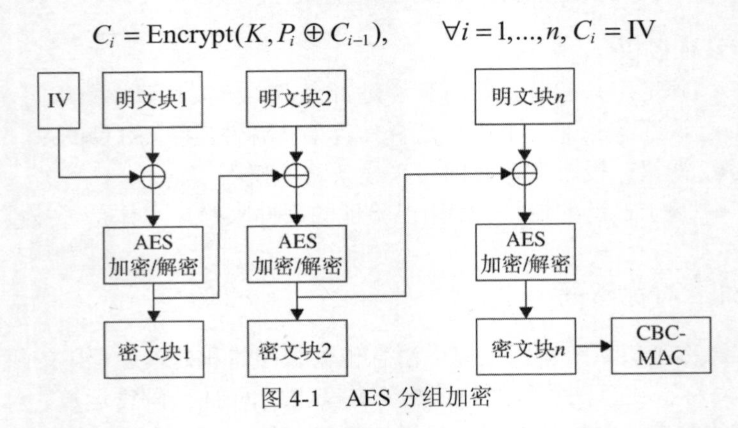

图4-1　AES分组加密

MAC提供允许对消息进行认证的信息并验证其完整性。实际上，比CBC-MAC更为典型的方式是使用共享的秘密密钥K的哈希函数来创建消息M的MAC：

$$MAC(M) = HASH(K \mid M) = D$$

一个安全的密码哈希函数是将一个可变的输入生成一个固定长度的输出。

AES-CTR 是另一种分组密码加密算法，与 CBC 相比，使用一个随机数和一个计数器为每个密码块添加随机性，如图 4-2 所示。

输入可以是明文或密文，输出是对应的密文或明文。

$$K_i = \text{Encrypt}(K, \text{Nonce} \| i), \qquad \forall i = 1, \ldots, n$$

$$C_i = P_i \oplus K_i$$

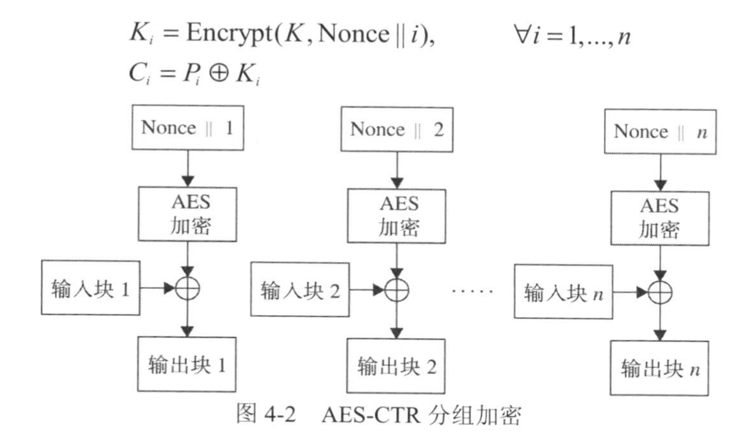

图 4-2　AES-CTR 分组加密

计数模式(Counter，CTR)解密时与加密一样进行异或：

$$C_i \oplus K_i = P_i \oplus K_i \oplus K_i = P_i$$

因此，CTR 不使用 AES 解密。

AES-CCM

AES-CCM 是分组密码的一种工作模式，通过在 CTR 模式下加密并产生输入的 CBC-MAC，以提供机密性、认证和完整性保护。CBC-MAC 长度为 128 比特，可以被截取为任意长度，然后附加到密文的后面。由于 CBC-MAC 和 CTR 的步骤分开执行，有选择性地不加密整个输入是可能的，但完整性保护是全部的。计数器模式密码分组链接消息完整认证码(Counter with CBC-MAC，CCM)的这个特点使它可以作为相关数据的认证加密。

由于 AES-CCM 只依赖于 AES 加密，而大部分物联网芯片都内置 AES 引擎硬件，因此 AES-CCM 成为对受限设备或传感器来说最有利的加密选择。物联网中，标准化社区要求将 AES-CCM 作为安全 CoAP 的 DTLS 强制密码套件。

4.2.2 公钥密码

对称密钥算法非常有效，但很难对物联网终端设备进行密钥分发。密钥分发时需要在密钥分发服务器和物联网节点之间进行安全连接。提供机密性和认证的两种有效方法是 PKC 和非对称密码。与对称密码相比，PKC 是建立在数学问题的困难性之上，而这里的困难是指计算的复杂性。公钥加密是基于“陷门”函数，易于计算，但无附加信息时难以逆转。广泛使用的公钥算法 RSA 其难点在于寻找合数的素数因子。在 PKC 密码体制中，一般有公、私钥密钥对，公钥是公开的，私钥保存在安全的地方。公钥的使用方式有两种：

(1) 公钥加密，任何人都可以用实体的公钥加密一个消息，但只有拥有对应私钥的实体才能解密密文。

(2) 数字签名，任何拥有公钥的人都可以解密私钥生成的密文。此验证证明发送者已访问过私钥，因此很可能是与公钥关联的人。

在 PKC 系统中，加密和解密过程中容易生成公/私钥对。PKC 系统的安全强度在于从公钥确定正确私钥的难度。在这里，私钥的长度对避免蛮力攻击至关重要。

第一个实用的公钥密码系统 RSA 是建立在两个大素数因子分解的困难性之上。如果公钥足够大，只有知道其素数才能解码消息。RSA 加密速度相对比较慢，但常用于传递加密对称密码学中加密的共享密钥。由于 RSA 加密是一个计算成本昂贵的操作，在物联网中更多的是结合对称加密使用。由于 RSA 加密共享的对称密钥，其安全性一般取决于密钥的长度。RSA 密钥长度要求为 1024 比特(128 字节)，其安全级别等同于密钥长度为 128 比特(16 字节)的对称密钥密码，RSA 的大密钥空间会导致昂贵的计算成本。

ECC 是普通 PKC 的替代品，它可用来抵抗强大的指数计算攻击。ECC 能有效实现是因为它运算比较小，能在资源受限环境下执行。ECC 是另一种公钥密码学，基于有限域上的椭圆曲线。如表 4-2 所示，ECC 的密钥较小，为 256 比特。比 RSA 更有效率，更适用于物联网资源受限设备。ECC 的基本思想是假定椭圆曲线离散对数问题在合理的时间内不可行或至少不能解决。

表 4-2　对称密钥、RSA 和 ECC 的密钥大小

对称密钥	RSA 密钥	椭圆曲线密码密钥
80	1024	160
112	2048	224
128	**3072**	**256**
192	7680	384
256	15 360	521

4.2.3　公钥基础设施

维基百科定义：PKI 是创建管理、分发、使用、存储和撤销数字证书并管理公钥所需要的一组角色、策略和过程的总和。在物联网环境中，一般公钥问题是需要认证交换的公钥。PKI 具有安全分发公钥的组件，并广泛应用于传统互联网中。PKI 是值得信赖的第三方，使用私钥签署实体标识。

物联网环境中的互连设备必须给用户和服务提供可靠信息，而建立大规模的信任网络是一个大的挑战。物联网设备很容易受到攻击，物联网节点间通信通常难以保证安全。PKI 系统在银行系统、基站、移动网络等现有系统中表现很好，证明它能够提供可信的环境，因此 PKI 在物联网中发展前景不错。

- PKI 能实现确认性和验证性。
- 规模。PKI 的部署软件已有能管理数以百万计的证书的能力，但大多数运行在更小的数量规模上。
- 技术问题。物联网中普遍是极低功耗和低成本的设备，传统密码学不为这些环境设计，其计算量大，需要大的 CPU 功率。另一个问题是凭据生成：生成一个好的密钥并不容易，且大

批量生产很快成为瓶颈。同样，为低功耗设备和快速密钥生成设计的密码算法已经存在并得到了广泛的验证。

在详细介绍 PKI 原理之前，我们先介绍一下 PKI 基本概念。可信第三方被称为认证机构(Certification Authority，CA)，为公钥和实体标识颁发证书。主要内容包括：

- 主题：实体的标识符(该实体的公钥要被认证)。
- 签名：产生签名的算法。
- 主题 PKI：主题公钥和用于生成的算法的标识符。
- 有效期：证书使用的时间段。
- 发行者：CA 标识符。
- 签名值：发行人对上述字段哈希值的签名。

图 4-3 是 Google CA 证书示例。

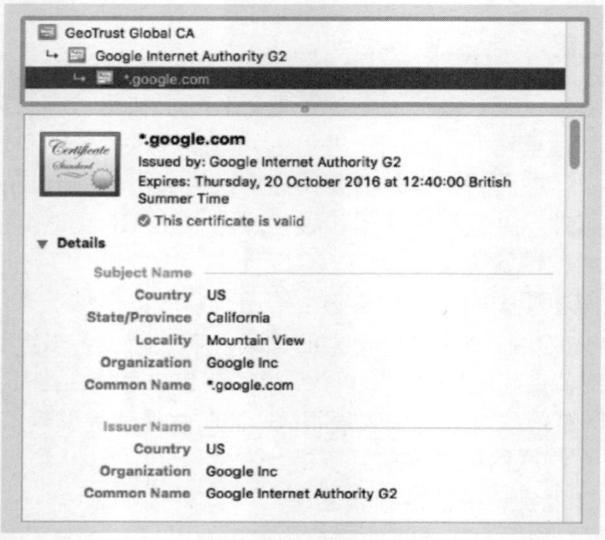

图 4-3　Google CA 示例

需要访问 CA 的公钥才能验证证书，这个又回到原来的问题。根 CA 位于最高可信级别并具有自签名证书。此外，根 CA 可以通过浏览器供应商预先部署到系统中。

4.3 身份认证、加密和数字签名

4.3.1 身份认证

从技术上讲，物联网包括不计其数的设备、传感器或执行器或只是连接到互联网服务的简单对象。这些对象来自于不同的供应商、团体或标准组织。而大多数设备使用不同的协议，这使得很难实现物联网安全。这种情况下，设备身份管理作为一个重要的共性技术，应该能协调不同的协议、标准、场景。从安全角度来看，“设备身份”应在异构通信和机器对机器的安全中提供保护。安全挑战与识别、认证、隐私、守信、机密性有关。身份是物联网安全方面最重要的挑战。物联网是由各种智能传感器、智能对象、计算机主干服务器、云集群等智能设备组成，在寻址和相互通信时需要唯一标识。从安全角度看，安全保护机制应该能够识别消息生成器、发送器和接收器。而 RFID 对象标识符、EPC 全球、NFC、IPv4、IPv6 等识别方案是为现有网络设计，那么如何安全地管理物联网设备仍是一个挑战。

常用的身份认证协议包括：

- 单向认证，认证两个节点。例如，节点 1 和节点 2 具有共同的秘密密钥 X_{uh}。节点选择 $r \in GF(P)$创建会话密钥。T_u 是节点的时间戳。节点 1 创建的秘密密钥是 $L=h(X_{uh} \oplus T_u)$，接着节点 1 用 L 加密 r 即：$R=E_L$，并且用 X_{uh} 加密 T_u 即：$T_{us}=EX_{uh}(T_u)$。$MAC_1=MAC(X_{uh}, R \| ICAP_1)$，其中 $ICAP_1$ 是节点 1 基于身份的数据结构。节点 1 向节点 2 发送以下参数(R，T_{us}，MAC_1)。节点 2 生成时间戳 $T_{current}$，并解密 T_{us} 得到 T_u，并与 $T_{current}$ 比较。如果 $T_{current}>T_u$，则有效。现在，节点 2 计算 L 并解密 R 得到 r。同时计算 MAC'_1，验证从节点 1 收到的 MAC_1。协议过程如图 4-4(A)所示。
- 双向认证，即节点 2 到节点 1 认证的一部分。节点 2 将 MAC 构建为 $MAC_2=MAC(r \| ICAP_2)$，同时也将 X_{uh} 加密为 $R'=EX_{uh}(r)$。然后发送(R'，MAC_2)给节点 1。节点 1 验证 MAC_2

并解密 R'，比较收到的 r 与 r'。协议过程如图 4-4(B)所示。

PKC 最广泛的两个应用：

- 公钥加密：用接收者的公钥加密消息。该消息只能由匹配的私钥解密，假定该人是密钥的所有者并且是与公钥关联的人，这将被用来确保机密性。
- 数字签名：消息会使用发送者的私钥签名，任何有权访问发送者公钥的人都能验证。此验证说明发送者曾经访问过私钥，因此很可能是与公钥关联的人。前提是确保消息未被篡改。

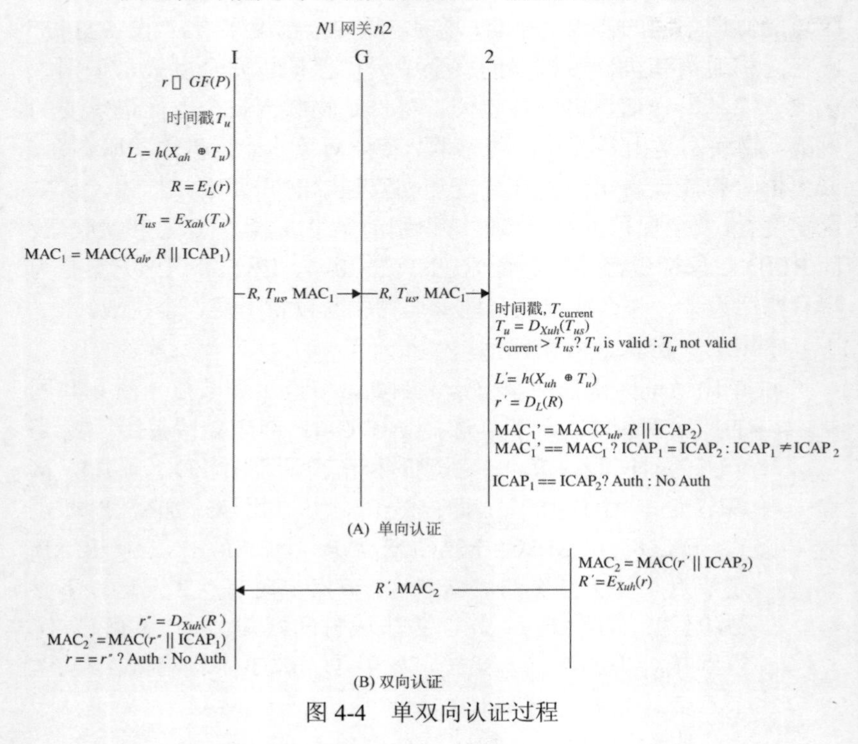

图 4-4　单双向认证过程

4.3.2 数字签名

使用公钥密码学会出现一个问题：相信/证明特定的公钥是真实

的，属于声称的个人或实体，没有被篡改或被恶意的第三方所取代。

解决问题的通常办法是诉诸 PKI，其中一个或多个第三方(被称为 CA)来证明密钥对的所有者。到目前为止，还没有解决“公钥认证问题”的完美解决方案。

IETF 建议受限设备中将 AES-CCM 与 ECC 结合使用。本节介绍如何使用 ECC 来进行安全密钥交换和创建数字签名。

- ECC 概念
- 安全密钥交换
- 数字签名

椭圆曲线方程为：

$$y^2=x^3+ax+b$$

EC 是曲线上点的集合。EC 的一个特性是曲线上两点相加仍为曲线上的点。两点相乘也一样。设 P 是一个给定 EC 的已知点，并且 d 是一个秘密随机数，用作私钥，公钥 Q 和私钥 d 的关系为：

$$Q=d\times P$$

则公钥 Q 仍是同一条曲线上的点。尽管 Q 和 P 是公开的，Q 是 d 个 P 相加，数学上求解 d 也是一个困难问题。

生成器乘法产生公钥。使用算术进程，可建立其他进程计算生成点的标量乘 kP，或计算 $Q=dG$。公钥是通过乘以生成器创建的。椭圆曲线 $Q=dP$ 时，则 Q 是 d 的公钥，利用(d，D)的乘积生成密钥，在 ECC 中是非常基础和高效的。RSA 密钥生成中涉及大素数，花费时间更长。

假设用户 Q 对消息 m 签名，首先计算 $K=kP$，k 为随机数，因为这可在消息到手之前完成，所以它通常通过强大的服务完成并传递到物联网受限节点。如果能用节点上的更少密集的模块化计算来计算消息 m 签名，那么：

$$r=x_{\text{coord}}(K=kP)\bmod n$$
$$s=K^{(-1)}(m+dr)$$

其中 n 是阶，消息 m 的签名是(r, s)。若已知公钥 Q，m 的签名验证为：

$$K'=(s^{n-1}m)P+(s^{(-1)}r)Q$$
$$r'=x_{\text{coord}}(K')$$

若 $r=r'$，则接受签名。实际应用中需要密码系统能快速生成签名，从而许多基于 ECC 的加速验证被开发出来。

ECC 密钥短，并能够生成有效签名，其安全强度和效率成为众多物联网资源受限设备应用的理想选择，适用于保护更多资源受限设备连接的物联网环境，如智能传感器、无线传感器节点和电子医疗设备。

4.3.3 原始公钥

在类似智能传感器或 RFID 标签等资源受限物联网设备中，证书链甚至单个证书都可能太大而无法处理。最近，IEFT 推荐 RPK 代替 TLS 和 DTLS 证书。RPK 需要进行公钥带外验证：

(1) 通过命名实体的基于 DNS 的认证获得公钥或通过 DNS 安全扩展获得认证。

(2) 预先部署 RPK 在物联网受限设备中是有利的，部署前用后端服务公钥配置。

RPK 包含证书的主题公钥信息，证书包括公钥值和算法(即生成该密钥的密码算法)标识符。RPK 在握手时省去大证书，因此需要一个带外技术来验证公钥。

应注意如果物联网网关节点支持 RPK 证书，那么它必须支持特定的密码套件，如 TLS_ECDHE_ECDSA_WITH_AES_128_CCM_8 (CoAP)和 TLS_ECDHE_ECDSA_WITH_AES_128_CBC_SHA256。终端物联网节点至少支持其中一种密码套件。客户端节点使用“公钥或标识”的值确定 RPK 证书，从而确定服务器 RPK 的期望值和私钥的“秘密密钥”值。客户端必须检查服务器提供的 RPK 是否与存储的公钥完全匹配，RPK 模式适用于部署在客户端和服务器存在可信关系的物联网节点上。服务器必须存储自己的私钥和公钥，并且必须有一个已存储的预期客户端公钥的副本。服务器必须确认物联网客户端展现的 RPK 与存储的公钥完全匹配。在智能卡等某些应用场景，RPK 证书的提供不需要在服务器和客户端之间预先存在信任关系，仅仅是服务器和智能卡之间预先建立信任关系。

4.3.4　X.509 证书

X.509 是密码学中一个重要标准，它被设计用来为 PKI 管理数字证书和公钥加密。X.509 是 TLS 的关键部分，被广泛用于网络、移动和电子邮件安全。X.509 中，需要签名证书的组织发送证一个书签名请求(Certificate Signing Request，CSR)，要做到这一点，(1)生成一个密钥对，私钥保密并被用来签名 CSR，该 CSR 包含验证 CSR 签名的公钥和标识符(Distinguished Name，DN)；(2)证书颁发机构颁发与特定 DN 绑定的公钥证书。

Firefox、Chrome、Safari 等带有一组预先安装的预定义的根证书集，因此大型厂商的 SSL 证书将立即起作用。事实上，浏览器开发人员会为用户确定可信的第三方 CA(图 4-5)。

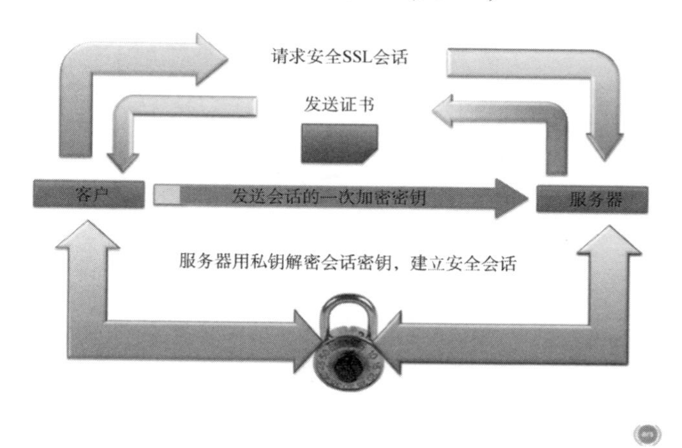

图 4-5　SSL 的工作原理

X.509 证书是主流的证书类型，用于 DTLS 证书模型中。本节会简要介绍 X.509 的概念。

X.509 证书编码使用二进制到文本编码模式 Base64，基本结构为：

- 标识符
- 长度
- 内容

4.4 IP 连接

物联网是一个混合网络，包含无线传感器网络 WSN、移动网络、IP 和无线网状网络等不同网络。现有大多数物联网解决方案都在进行 IP 使能，从而可以连接到互联网，导致现有和成熟的 IP 安全协议处于受限环境中。现有 IP 安全协议不是针对智能传感器等资源受限设备而设计的，因此在物联网中无法直接使用，需要为物联网设备重新设计或改进现有 IP 协议。TLS 是应用协议(如运行在 TCP 上的 HTTP、HTTPS)的底层安全协议。在物联网中，UDP 简单高效的特点使它成为实际上受欢迎的协议。CoAP 旨在用于资源受限设备并广泛应用于物联网和机器对机器网络中。

图 4-6 显示了物联网不同层次上开发的协议，包括应用层的消息协议，如 CoAP、路由协议(如低功耗和有损网络的路由协议，RPL)，其中 IPv6 是一个最重要的推动者，能支持数十亿智能设备连接在一起，但所有协议应按照下述安全要求来设计。

物联网受限环境中的通信：

- CoAP(RFC 7252)，针对物联网类似受限环境特殊要求而设计，类似于使用 RESTful 架构风格的 HTTP。
- DTLS 绑定。
- 用户通过授权控制设备和数据。

4.4.1 数据传输层安全

在互联网中，TLS 是一种知名的基于 IP 的安全协议，广泛用于保护透明连接信道免于遭受窃听、篡改或消息伪造等安全方面的攻击。在 Web 应用中，TLS 被广泛用于 Web 协议，如 HTTP 和 TCP。图 4-7 显示了 DTLS 的结构。

- 物联网网络应用的各种协议
- 不同层的相关协议
  - 链路层(如802.15.4，PLC)
  - 适配层(如6LowPAN)
  - 路由(如RPL)
  - 消息(如CoAP)
  - 安全：(D)TLS,802.1AR,802.1X

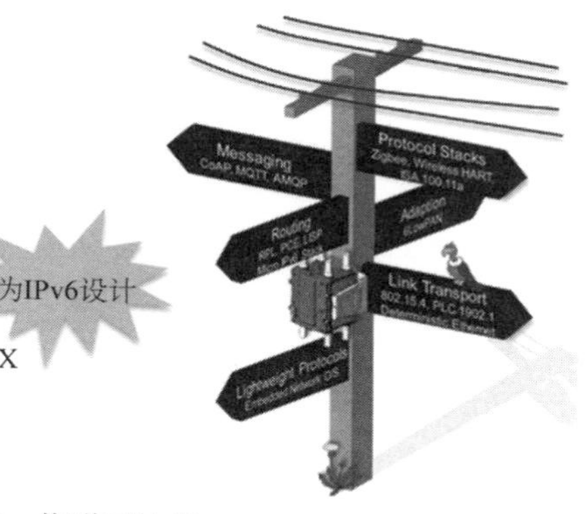

图 4-6　物联网协议

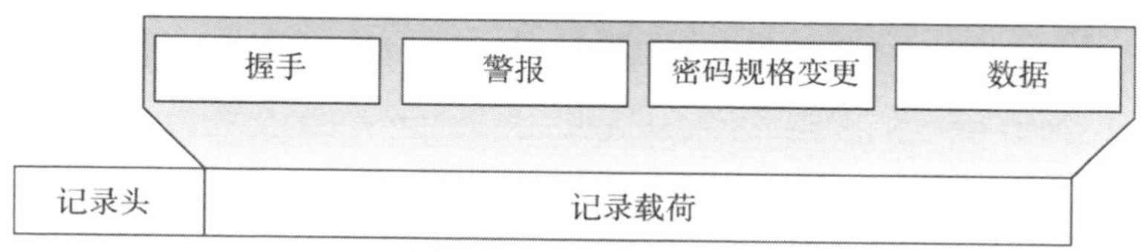

图 4-7　DTLS 的结构

物联网应用中，安全协议特别针对标准的互联网运行的小型、低功耗传感器，开关，阀门以及类似需要控制和远程监控的组件。DTLS 是基于 TLS 发展而来的，提供等价的安全服务，如机密性、身份认证和完整性保护。TLS 使用 TCP，因而不会面临数据包分组重排序和丢失问题。在 DTLS 中，握手机制用于处理丢包、分组重排序和重传问题，其对等点的初始身份认证和密钥协议通过安全信道提供数据保护，下层是保护图 4-7 所示的所有 DTLS 消息的记录协议。上层是记录协议载荷，它由四种协议类型组成：

- 握手，DTLS 提供了三种类型的握手：非认证，服务器认证，服务器和客户端认证。
- 警报。
- 密码规格变更。
- 数据。

基于证书的 DTLS 双向握手。客户端和服务器拥有公私钥对，握手期间交换公钥，公钥通过证书绑定身份。双方更新密钥并提供完善的前向保密随机值，生成短暂的 DH 密钥对，交换后计算出密钥(图 4-8)。

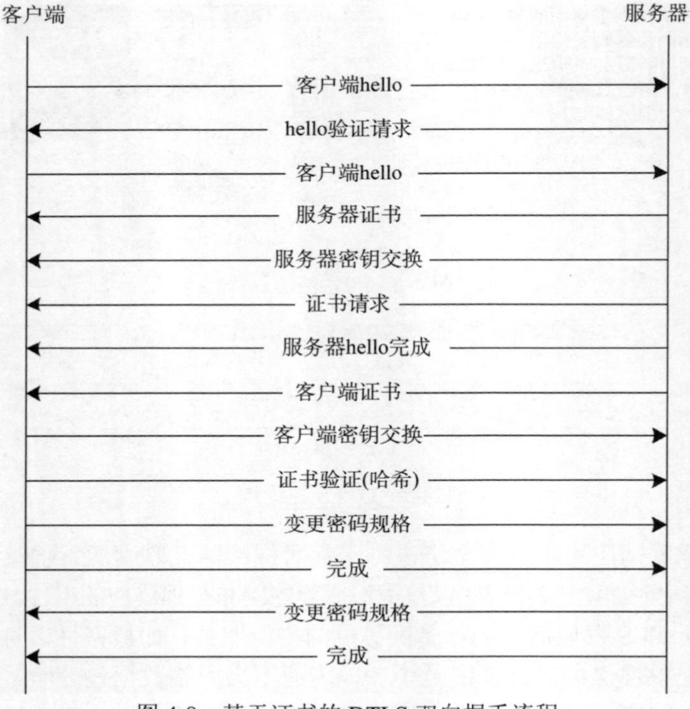

图 4-8　基于证书的 DTLS 双向握手流程

4.4.2　受限制的应用协议

CoAP 是为资源受限的网络和设备特别设计的 Web 传输协议，

它非常适合物联网环境，其中许多终端节点通常只带有少量 ROM 和 RAM 的 8/16 位微控制器，而类似的受限网络如基于 IPv6 的低功耗无线个域网(6LoWPAN)通常具有较高的分组错误率和 10 秒的 kbps 的吞吐量。CoAP 提供了应用程序之间的请求响应交互模型，支持内置服务和资源(包括 Web 的关键概念，URI 等)发现。图 4-9 显示了 CoAP 的基本结构。

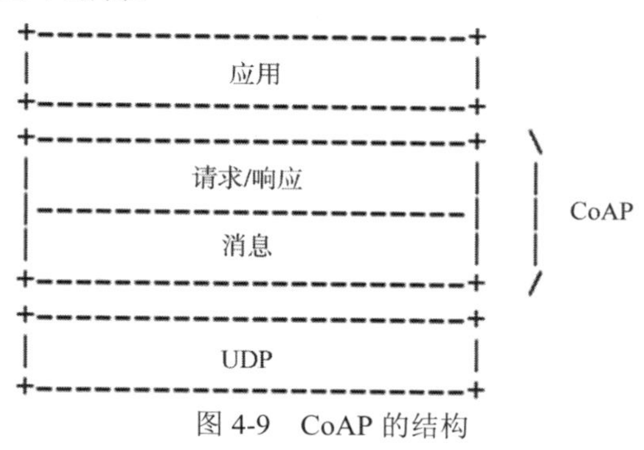

图 4-9　CoAP 的结构

CoAP 定义了四种类型的消息：

- Confirmable
- Nonconfirmable
- Acknowledgment
- Reset

四种类型的消息的基本交换与请求响应交互有些交叉，请求为 Confirmable 和 Nonconfirmable 消息，响应也有这些信息同时附加 Acknowledgment 消息。

4.5 轻量级密码

建议在物联网中采用新的先进技术——“轻量级密码”，这有两个原因。

4.5.1 端到端通信的有效性

为了实现端到端的安全性，终端节点实现了对称密钥加密算法。对于电池供电设备等低资源设备进行有限次数的密码运算是非常重要的，而轻量级对称密钥加密算法应用可以降低终端设备的能耗。

4.5.2 适用于低资源设备

轻量级密码原语的占用空间小于传统密码，为低资源设备网络连接提供了更多可能。

表 4-3 显示了传统密码原语的轻量级属性对比，对比侧重于硬件属性。一些终端节点可嵌入通用微处理器，对此类平台来说软件属性很重要。而只嵌入特定应用 IC 的低成本设备因其低成本、低功耗，所以硬件属性对它们至关重要。

密码技术在发展——人们已广泛研究新的攻击技术、设计和实现，其中一个最先进的技术是“轻量级密码(Lightweight Cryptography，LWC)”。轻量级密码是一种密码算法或协议，适用于 RFID 标签、传感器，非接触式智能卡、医疗设备等受限环境。

ISO/IEC JTC 1/SC 27 的 ISO / IEC 29192 讨论过轻量级密码的属性，ISO/IEC 29192 是一个新的轻量级密码标准化项目，项目处于标准化过程中。在 ISO/IEC 29192 中，根据目标平台描述了轻量级属性。在硬件实现中，芯片尺寸/能耗是评估轻量级属性的重要指标。在软件实现中，轻量级应用会优先选择较小的代码/RAM 尺寸。从实现来看，轻量级原语优于传统密码，目前已用于 IPsec、TLS 等互联网安全协议中。

轻量级密码也提供了足够的安全性，并不总是安全与效率的折中。下面介绍轻量级密码原语的最新技术。

轻量级密码因其高效率和更小的占用空间而有助于智能物联网络的安全，我们认为应将轻量级特征在网络中实现，特别是，轻量级分组密码现在已在实践中使用(见表 4-3)。

表 4-3　硬件性能结果

	模式	分组大小(比特)	密钥大小(比特)	周期	面积(GE)	频率(MHz)	吞吐量(Mbps)	技术(um)
序列化实现(面积优化)								
PRESENT	enc	64	80	547	1075	0.1	0.0117	0.18
PRESENT	enc	64	128	559	1391	0.1	0.0115	0.18
CLEFIA	enc	128	128	176	2893	67	49	0.13
CLEFIA	enc/dec	128	128	176	2996	61	44	0.13
AES	enc	128	128	177	3100	152	110	0.13
AES	enc/dec	128	128	1032	3400	80	10	0.35
基于轮数实现(效率优化)								
PRESENT	enc	64	80	32	1570	0.1	0.20	0.18
PRESENT	enc	64	128	32	1884	0.1	0.20	0.18
CLEFIA	enc/dec	128	128	36	4950	201.3	715.69	0.09
CLEFIA	enc/dec	128	128	18	5979	225.8	1605.94	0.09
AES	enc/dec	128	128	11	12 454	145.4	1691.35	0.13
AES	enc/dec	128	128	54	5398	131.2	311.09	0.13

4.6　现有的物联网安全方案

在现有网络中，许多数据保护解决方案已经应用于数据保护的实践中。而在物联网环境中，安全性仍是一个大问题。从物联网的节点到物联网应用，安全挑战已在每一层形成。图 4-10 简要描述了物联网系统架构。

典型的安全方案应该从最初的设计到运行环境，贯穿整个节点生命周期。

安全启动：这涉及密码学，是一个允许电子设备开始执行认证和可信软件开始操作的过程。要基于公钥签名验证实现安全启动，一个基本过程如下。这是可信的基础，节点仍然需要防范各种运行时的威胁和恶意企图。

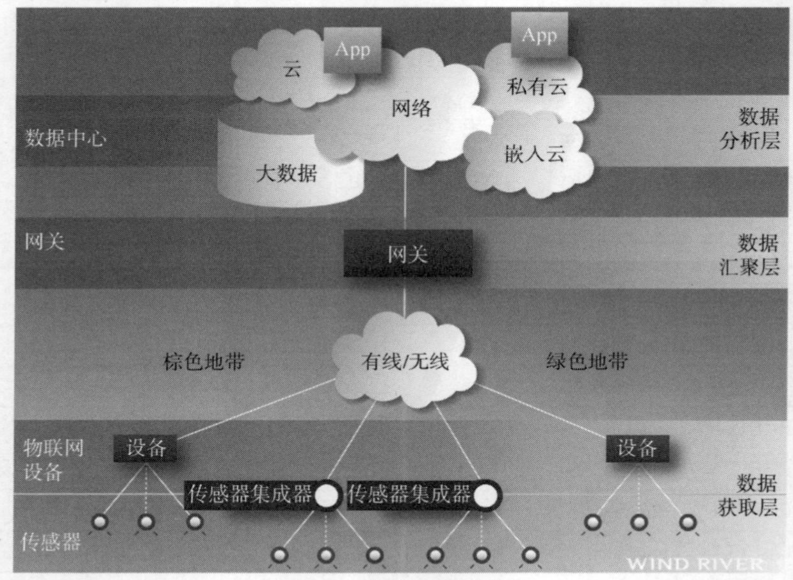

图 4-10　物联网系统结构

访问控制：访问控制为物联网中的不同角色分配不同资源。基本上，特权指的是只赋予完成某种操作所需的最小访问权限，从而尽量减少任何违反安全措施的损失。

现有的 PKC 方案验证数字内容的完整性和真实性。如上所述，完整性意味着数字内容自创建以来没有被修改。真实性意味着相同的数字内容已经由一个明确的实体发布。数字签名提供了两个基本特征，以确保数字内容被其他实体信任。

(1) 数字内容的完整性由消息摘要保证，即安全的哈希算法(SHA-1，SHA-256，SHA-3，等等)。

(2) 数字内容的真实性由公钥签名方案本身来保证。PKC 是基于成对的密钥，任何人可以拥有一对密钥：秘密存储的私钥(K_PRIV)和公开提供给任何人的公钥(K_PUB)。K_PRIV 用来签署数字内容。数字内容的发行者使用自己的 K_PRIV 来表明自己是“发行人”，任何人都可以使用公钥来验证数字内容的签名。

a. 哈希：对数字内容进行哈希并生成哈希值。

b. 签名：使用数字内容作者的 K_PRIV 签署哈希值(使用 K_PRIV 加密哈希)，结果值是所谓的“签名”，附在原始数字内容上。

验证：验证数字内容的签名，执行以下两个步骤：

c. 再次哈希：数字内容再次哈希，同签名生成过程。

d. 重构的哈希值被用作签名验证算法的输入，同时包括数字内容的签名和 K_PUB(使用签名者的 K_PUB 解密)，见图 4-11。

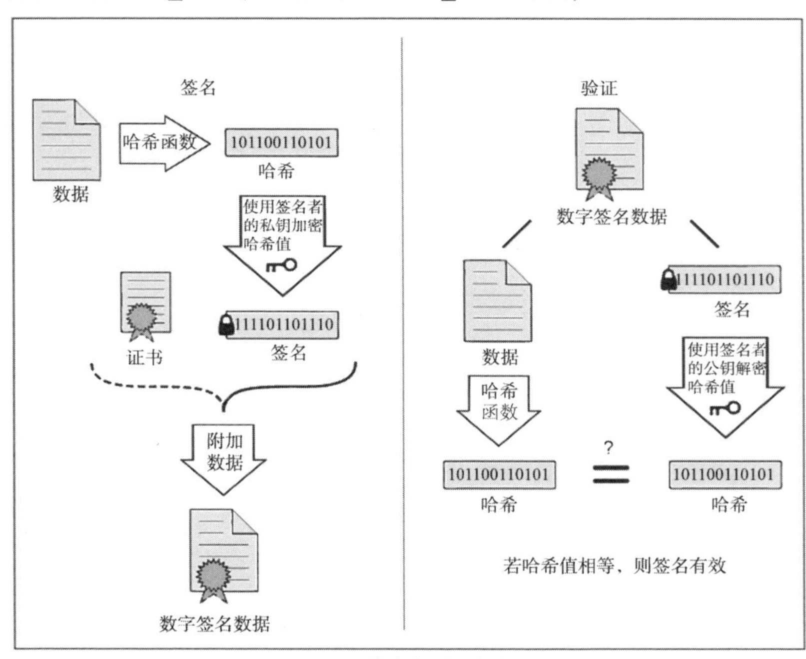

图 4-11　数字签名系统示例

4.7　本章小结

物联网正在迅速发展，许多智能实体联系在一起，其脆弱性会影响到物联网系统，会给物联网设备、用户和物联网应用带来严重的风险。基于硬件的安全解决方案可以保护物联网系统免受破坏和经济损失，但物联网硬件安全架构还处于探索阶段，会比预期面临更多严峻的挑战。

第 5 章

物联网架构的安全需求

5.1 引言

物联网应能为应用提供强大的安全保护(例如，针对在线支付应用，物联网应能保护支付交易信息的完整性)，如图 5-1 所示。

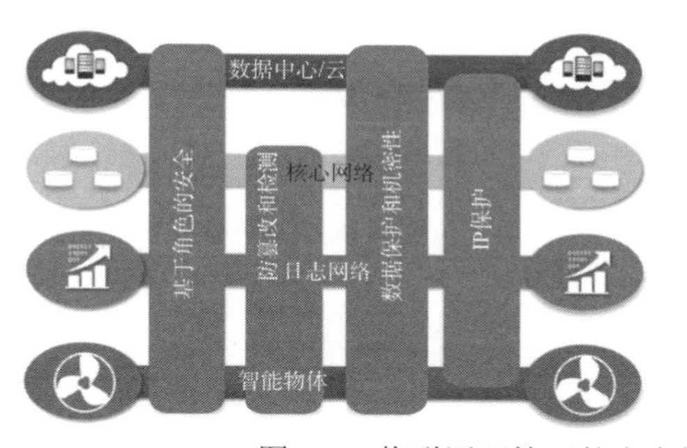

图 5-1 物联网环境下的安全框架

5.1.1 物联网环境中的安全挑战

在物联网系统中，多数智能设备通常体积小、廉价，所具备的安全能力有限。由于其较低的 CPU 周期和加密处理效率，现有的高级加密算法很难执行。

在资源有限的平台上，需要部署看似矛盾、复杂的安全需求：

- 安全地认证多种网络
- 保证数据能被多种收集器收集
- 管理数据访问的信道争用
- 管理多个用户间的隐私问题
- 提供无法被轻易攻破的强认证和数据保护(完整性和机密性)
- 维持数据和服务的可用性
- 允许面对未知漏洞的升级

图 5-2 展现了一个提高物联网设备安全性的架构。

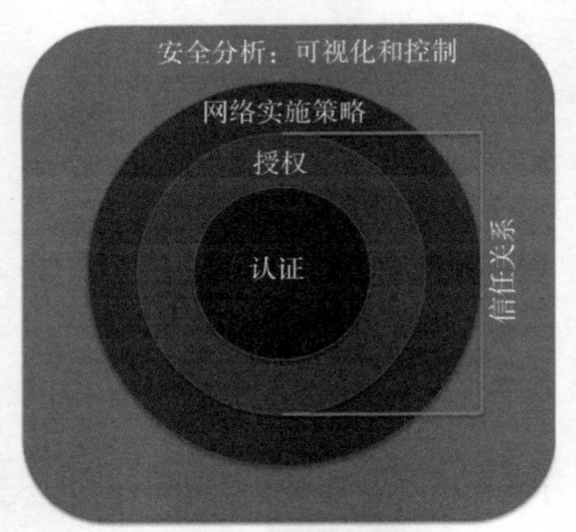

图 5-2　物联网安全体系结构

5.1.2 感知层和物联网终端节点

物联网是连接不同设备以获取、交换和处理信息的多层次网络。在感知层，智能标签和传感器网络能够自动感知环境并在设备之间交换数据(Li，2011)。当确定物联网的感知层时，主要关注点是：

- 成本、体积、资源和能耗。物联网会配备各类感知设备，例如 RFID 标签、传感器、执行器等，这些设备的设计应尽可能减少所需资源和成本。
- 部署。物联网终端节点(如 RFID 读取器、标签、传感器等)可以被一次性部署，也可基于应用需求以增量或者随机方式部署。
- 异构性。各类设备和混合网络的多样化使得物联网具有显著的异构性特点。
- 通信。物联网终端节点的设计应使节点间可相互通信。
- 网络。物联网系统包含混合网络，例如无线传感器网络、无线网状网络(Wireless Mesh Networks，WMN)和数据采集与监视控制系统(SCADA)。

安全性是感知层的一个重要问题。物联网可以与工业网络连接为用户提供智能服务，但这可能会引起设备控制方面的新问题，例如，谁可以输入身份认证凭据，或决定是否可信任某应用程序。物联网的安全模型必须能够自行判断决定是否接受命令或者执行任务。在感知层，设备由于资源有限而被设计为低功耗模式，这通常意味着有限的连接性。物联网的应用多样而广泛，而同样广泛的安全挑战也将随之产生：

- 设备认证
- 设备可信
- 平衡感知层的安全控制和基础设施的可用性
- 加密强度和加密算法具有比物联网设备短的生命周期
- 物理保护
- 篡改检测技术

就软件更新而言，感知设备需在不损害功能安全性且不引起重认证损耗的前提下，在每次有补丁推出时及时接收软件升级包或安全补丁。在本层，安全问题可被分为两大类：

- 物联网终端节点的安全需求：物理安全保护、访问控制、认证、不可抵赖性、机密性、完整性、可用性和隐私。

- 感知层的安全需求：机密性、数据来源认证、设备认证、完整性、可用性和长期性。

表 5-1 总结了物联网终端节点的潜在安全威胁和安全漏洞，表 5-2 分析了感知层的潜在安全威胁和安全漏洞。

表 5-1　物联网终端节点潜在的安全威胁和安全漏洞

安全威胁	描述
未经授权的访问	由于物理截取或逻辑攻击，终端节点上的敏感信息被攻击者获取
可用性	终端节点由于物理劫持或者逻辑攻击而停止工作
欺骗攻击	通过恶意软件节点，攻击者通过伪造数据成功伪装成物联网终端设备、终端节点或终端网关
利己威胁	有些终端节点为了节省资源或带宽而停止工作从而造成网络崩溃
恶意代码	能引起软件崩溃的病毒、木马和垃圾邮件
拒绝服务攻击(Dos)	试图造成物联网终端节点资源对其用户不可用
传输威胁	传输过程中的威胁，例如中断、阻塞、数据操纵、伪造等
路由攻击	针对路由路径的攻击

表 5-2　感知层安全威胁和安全漏洞分析

物联网终端节点安全威胁与漏洞	物联网终端设备	物联网终端节点	物联网终端网关
未经授权的访问	√	√	√
利己攻击		√	√
欺骗攻击		√	√
恶意代码	√	√	√
拒绝服务攻击(DoS)	√	√	√
传输威胁			√
路由攻击	√	√	√

如上文提到的，感知层的多数设备在尺寸上通常较小、廉价，并且物理安全上较为薄弱。这些设备可能位于远程和/或无法访问的位置，但可能由于其有限的资源而不能支持复杂和不断发展的安全算法。在这些端点上，必须要采取措施去保证数据/用户的真实性、设备的访问控制、连接认证参数在初始化时和在物联网环境运行时不被破坏和影响。

特别要强调的是，在用户处于危险之前为确保本层设备安全，应采取以下措施：(1)实施物联网安全标准，保证所有设备都以符合特定安全标准的方式来生产。(2)建设可靠的数据感知系统并且检查所有设备和组件的安全性。(3)识别和追踪用户来源。(4)物联网终端节点的软件和固件需要安全的设计和研发。

5.2　网络层

网络层连接了物联网中的所有设备，并让它们具备感知周边环境的能力。它能够汇集来自现有 IT 基础设施的数据，然后传输到其他层中去，如感知层、服务层等。物联网连接了多种不同网络，这可能会引起诸多网络问题、安全问题和通信问题。

网络的部署、管理和调度对于物联网中的网络层至关重要，这使得众多设备能够协作执行任务。在网络层，需要解决以下问题：

- 网络管理技术，包括对固定、无线、移动网络的管理
- 网络耗能效率
- 服务质量(QoS)要求
- 数据挖掘和搜索技术
- 信息机密性
- 安全和隐私

考虑到部署、移动性和复杂性，在这些问题中信息机密性和个人隐私安全最为重要。现有网络安全技术可以成为物联网隐私和安全保护的基础，但仍需大量后继工作。网络层的安全需求包括：

- 整体安全需求：包括机密性、完整性、隐私保护，认证、组认证、密钥保护、可用性等。
- 隐私泄露：由于物联网设备实体会处于不可信的地方，攻击者可以从物理上获取诸如用户身份等隐私信息，给物联网带来潜在威胁。
- 通信安全：包括物联网通信中的信息完整性和机密性。
- 过度连接：过度连接的物联网可能存在失去对用户的控制的风险。这可能导致两个安全问题：(1)DoS(拒绝服务)攻击，大量信息认证所需的带宽可能会造成网络阻塞从而进一步引发 DoS 攻击；(2)密钥安全，对于过度连接的网络，密钥操作可能导致严重的网络资源消耗。
- 中间人攻击(MITM)：攻击者分别与受害者建立独立连接，然后在受害者之间中继信息，使受害者相信他们是在通过私有连接进行直接对话，而实际上整个对话都是由攻击者所控制。
- 虚假网络消息：攻击者能够制造虚假指令来孤立/错误操作物联网设备。
- 机密性受损：网络中的数据被攻击者转发和篡改。
- 中继攻击：攻击者通过转发或延迟有效数据，来伪造身份访问已建立的连接。

表 5-3 总结了网络层可能存在的安全威胁，表 5-4 分析了潜在的安全威胁和安全漏洞。

表 5-3　网络层安全威胁

安全威胁	描述
数据泄露	将安全信息发布到不可信环境造成信息泄露
DoS	试图造成物联网终端节点资源对其用户的不可用
公钥和私钥	网络中的各种密钥
恶意代码	能引起软件崩溃的病毒、木马和垃圾邮件
传输威胁	传输过程中的威胁，例如中断、阻塞、数据操纵、伪造等
路由攻击	针对路由路径的攻击

表 5-4　网络层安全威胁和安全漏洞

	隐私泄露	机密性	完整性	DoS	PKI(公钥基础设施，Public Key Infrastructure)	MITM	请求伪造
物理保护	√	√					√
传输安全		√	√	√	√	√	√
过度连接			√	√	√		
跨层融合	√	√				√	√

为物联网研发的网络基础设施和协议与现有 IP 网络不同，因此以下安全问题需要被着重关注：(1)认证和授权，包括口令和访问控制等脆弱点；(2)安全传输加密，在本层对传输信息的加密非常关键。

5.3　服务层

在物联网中，服务层依赖于中间件技术，中间件技术是服务和应用的重要推动因素。服务层为物联网提供经济高效的平台，使得硬件和软件能够重复使用。物联网实现了中间服务层规范所要求的各种活动，这些活动按照服务提供商和组织制定的各种标准执行。服务层基于应用、应用编程接口(Application Programming Interface，API)和服务协议的通用要求而设计，本层的核心服务包括如下组件：事件处理服务、整合服务、分析服务、用户界面(User Interface，UI)服务，以及安全和管理服务(Choi et al.，2012)。服务层的活动，比如信息交换、数据处理、本体数据库、服务间通信等，可以由以下部分进行：

- 服务发现，它能有效找到可提供所需服务和信息的基础设施。
- 服务组合，用来实现相连设备的组合和交互。服务发现是利用物体间关联来发现所需服务，而服务组合是安排或重新创建更多合适服务以获取其中最可靠的那个。
- 可信性管理，旨在理解其他服务如何提供可信设备和信息。
- 服务 API，用来处理用户所需的服务间交互。

近期，一系列的服务层解决方案已经被报道。面向服务的分布嵌入式系统跨层基础设施 (Service-Oriented Cross-layer infRAstructure for Distributed smart Embedded devices，SOCRADES)集成体系架构被提出用来有效地在应用和服务之间进行交互(Fielding and Taylor，2002)。在这里物体被抽象成设备来提供底层服务，如网络发现服务、元数据交换服务、异步发布和订阅事件等(Kranenburg et al.，2011；Sundmaeker et al.，2010)。在 Peris-Lopez et al. (2006)中，一种代表性的状态转换被定义出来用于增加松耦合服务和分布式应用之间的互操作性。在 Hernandez-Castro et al. (2013)中，服务层引进了一种服务提供过程，来提供应用和服务之间的交互。为服务层设计一种有效的安全策略以保护服务层免受攻击非常重要，服务层的安全需求包括：

- 授权、服务认证、组认证、隐私保护、完整性、密钥安全、不可抵赖性、防重放、可用性等。
- 隐私泄露，本层的主要问题包括隐私泄露和恶意位置追踪。
- 服务滥用，在物联网中服务滥用攻击包括：(1)非法滥用服务；(2)滥用已注销的服务。
- 节点标识伪装。
- DoS 攻击。
- 重放攻击，攻击者重新发送数据。
- 服务信息嗅探和操纵。
- 拒绝服务，包括通信的拒绝和服务的拒绝。

安全解决方案需要能够在潜在威胁下保护本层的正常运行。表 5-5 总结了服务层的安全威胁。

确保服务层中的数据安全至关重要但极具难度，它涉及碎片化的、充满竞争的标准和私有解决方案。SoA 对于增进本层的安全性非常有帮助，但是在开发物联网服务或者应用时仍然有如下挑战需要去面对：(1)服务和/或层之间的数据传输安全；(2)安全服务管理，比如服务识别、访问控制、服务组合等。

表 5-5　服务层安全威胁

安全威胁	描述
隐私威胁	隐私泄露或恶意位置追踪
服务滥用	非授权用户访问服务或者授权用户访问已注销的服务
身份伪造	物联网终端设备、节点或网关被攻击者伪造
服务信息操纵	服务信息被攻击者操纵
服务否认	否认已经执行的操作
DoS	试图造成物联网终端节点资源对其用户不可用
重放攻击	攻击者重新发送信息以欺骗接收者
路由攻击	针对路由路径的攻击

5.4　应用接口层

应用接口层包括了各式各样的应用和接口，从 RFID 标签延伸到智慧家庭，由标准协议以及服务组合技术来实现(Ning，2013)。应用接口层的需求很大程度上取决于应用。对于应用维护，将涉及以下安全需求：

- 远程安全配置、软件下载和更新、安全补丁、管理员身份认证、统一安全平台等。

对于层间通信的安全需求：

- 层间传输的完整性和机密性、跨层认证和授权、敏感信息隔离等。

在物联网安全解决方案设计中，可参考如下规则：

(1) 由于多数受限的物联网终端节点是在无人值守的状态下工作，设计者需要将更多的关注点放在节点安全上面。

(2) 由于物联网涉及数十亿计的集群节点，安全解决方案应该基于能效策略进行设计。

(3) 物联网终端节点的轻量级安全体系与现有网络安全解决方案会有所区别，然而我们需要为物联网的所有部分设计足够广泛的安全解决方案。

表 5-6 总结了物联网应用接口层的安全威胁和漏洞。

表 5-6　应用接口层的安全威胁

安全威胁	描述
远程配置	接口处配置失败
错误配置	远程错误配置物联网终端节点、终端设备或终端网关
安全管理	日志和密钥的泄露
管理系统	管理系统失效

表 5-7 总结了应用接口层的安全威胁和潜在的漏洞。

表 5-7　应用接口层的安全威胁和漏洞

	非授权访问	节点故障	伪装	利己节点	木马、病毒、垃圾邮件	隐私泄露
物理安全保护	√	√	√			
防病毒、防火墙				√		
访问控制	√	√	√			√
机密性	√	√	√			√
数据完整性和可用性		√	√	√	√	
认证	√	√	√			√
不可抵赖性	√	√	√			√

应用接口层在物联网系统和用户应用间架起了桥梁，这应该就能够保证物联网系统和其他应用或用户间的交互是合法可信的。

5.5　跨层威胁

物联网架构中的信息可以在物联网架构的四个层次之间共享，以实现服务和设备间的协同工作。这也带来了许多安全挑战，比如可信性保证、用户隐私和数据安全、层间安全数据共享等。在图 5-1 所示的物联网架构中，信息在不同层次间交换，这造成了表 5-8 中所列出的潜在威胁。

表 5-8　物联网架构中层间的安全威胁

安全威胁	描述
边界处敏感信息泄露	在层的边界处敏感信息可能未被保护
身份欺骗	不同层间的身份可能有不同的优先级
层间敏感信息扩散	敏感信息在不同层间扩散并导致信息泄露

本层的安全需求包括：(1)安全保护，在设计和运行时确保安全。(2)隐私保护，物联网系统中的个人信息访问、隐私标准和安全增强技术。(3)可信性必须作为物联网架构的一部分，并且必须内置于其中。

5.6　物联网运维过程中引起的威胁

物联网的运维过程可能会导致网络配置、安全管理和应用管理等安全问题。表 5-9 总结了可能在物联网内导致风险的潜在威胁。

表 5-9　物联网架构中的跨层安全威胁

安全威胁	描述
远程配置	远程物联网终端节点、终端设备或终端网关配置失败
错误配置	远程错误配置物联网终端节点、终端设备或终端网关
安全管理	日志和密钥在物联网终端节点泄露
管理系统	管理系统失效

第 6 章

安全使能技术

6.1 安全识别和跟踪技术

物联网的概念基于无线射频识别(Radio-Frequency Identification，RFID)的识别和跟踪技术。一个基本的 RFID 系统由 RFID 读写器和 RFID 标签组成。由于其识别和跟踪的能力，RFID 系统已被广泛应用于包裹跟踪、供应链管理、医疗保健应用等物流行业。RFID 系统可以提供充足的关于物联网设备的实时信息，这对制造商、分销商和零售商等有很大帮助，例如，在供应链管理中的 RFID 应用可以改善后台库存管理。

虽然 RFID 技术已成功应用在许多领域，但它在很多方面仍在持续演进，如开发有源系统、基于喷墨打印的 RFID 和管理技术(Hepp et al.，2007)。对于物联网的应用来说，需要解决的问题还有更多，如：RFID 读取碰撞、信号干扰、隐私保护、标准化、集成等。

在物联网新时代，识别的领域在不断扩大，其中包括 RFID、条码等智能传感技术。应用 RFID 的非接触式技术(ISO 14443 和 15693)中，已经实现了安全功能，如密码“挑战-响应”认证、128 位 AES、3DES 和 SHA-2 算法。随着 RFID 设备的使用日益增多，RFID 安全性需要从多个方面来保证：生产阶段、隐私保护和业务流程。一般来说，RFID 的安全特性包括：

- 标签/读写器碰撞问题
- 数据机密性
- 标签/读写器认证
- 高可信读写器

表 6-1 总结了 RFID 标准的安全特性。

表 6-1　RFID 标准安全特性

安全 RFID\	机密性	完整性	可用性
EPC Class 0/0+		√	√
EPC Class 1 G1		√	√
EPC Class 1 G2	√	√	√
ISO/IEC 18000-2	√	√	
ISO/IEC 18000-3	√	√	√
ISO/IEC 11784/5	√	√	
ISO/IEC 15693	√	√	√
不可抵赖性	√	√	√

在 RFID 技术中，安全和隐私保护不仅仅是技术上的问题。随着 RFID 标签的加入，促进大型传感器网络的形成，重要的策略问题也开始凸显。

标识

跟踪

物联网的基于位置服务中经常会使用精确定位，但是从安全角度来看，这样可能会泄露隐私，使得攻击者可能通过物联网服务的交互来监视人们。由于在大多数物联网设备中普遍存在着安全漏洞，这导致物联网很容易遭到攻击。当前物联网的相关监控功能正在以一种开放和有益的方式使用。由于 GPS 传感器易于内置在智能设备中，如置于老年人的智能鞋里，这样人们就能通过跟踪来确保他们不会在危险的区域漫步或走到危险的区域。但在很多情况下，设备必须隐藏自己来避免被恶意监听或攻击。确保设备不被追踪的常见方式有：

- 关闭“可发现”的蓝牙，确保 MAC 地址是无法识别的。
- 关闭 WiFi：类似于蓝牙，可以根据信号强度识别 WiFi 连接的设备。
- 物联网设备上与 GPS 相关的功能未经同意不能用来精确定位。
- 有关隐私的应用程序或隐形设备，隐私保护搜件都需要授权。

6.2　无线传感器网络(WSN)与 RFID 集成安全

无线传感器和 RFID 的集成使物联网能够在工业领域得以应用，并进一步在扩展应用上得到部署。融合 RFID 和无线传感器网络(WSN)的物联网使得开发用于医疗保健、复杂系统决策以及如智能交通、智慧城市、供水系统等智能城市系统的物联网应用成为可能。

RFID 和 WSN 集成中的安全问题包括：

- 隐私：包括 RFID 设备和无线传感器网络设备的隐私。
- 标识和认证：保护标识以防止网络中未授权用户的追踪。
- 通信安全：RFID 设备与物联网设备之间的通信存在安全威胁，需要积极应对并采取相应的措施。
- 信任和所有权：信任意味着通信部件(如传感器节点和 RFID 标签)的真实性和完整性。
- 集成。

- 用户认证。

RFID 越来越多地被应用于监控、信用卡、服务应用等众多应用，这使 RFID 系统的数据开始面临威胁。RFID 标签通常较小，功能较弱且价格不贵。RFID 读写器一般具备较大的磁场和“红色”标签数据。在 RFID 系统中，安全性从三个方面来定义：

- 控制信息的访问，只有授权的用户/设备才能访问(读/写)。
- 对系统的访问进行控制，只有授权的实体可以对系统进行配置/修改，保证系统中的所有 RFID 设备都是真实可信的。
- 系统中的机密和信任，用户/服务共享一个普通的看法，那就是系统是安全和受保护的。

在 RFID 系统中，安全性应从三个方面(标签读取器)来保证，它作为通信的交叉口，应当提供双向的数据保护：

- 后端通信：标签读写器通过 IP 通信传输数据，后端通信的主要威胁是存在通过 IP 网络对后端服务器的未经授权的访问。目前已有成熟安全解决方案可以用于解决该问题。
- 前端通信(RF)：标签读写器通过低功耗 RF 通信向标签提供数据和收集标签数据。标签和读写器之间的安全挑战包括对标签的未经授权访问、欺诈和复制标签、侧信道攻击等。这是大多数 RFID 系统中最薄弱的环节。

在新一代的 RFID 中，能源性能证书(Energy Performance Certificate，EPC)第 3 代协议有望为 RF 前端通信提供更多的安全保证以确保 RFID 技术的广泛应用。为了增强 RFID 系统的安全性，以下技术很重要：

- 轻量级加密：轻量级的加密/解密算法可以增加从 RFID 系统中窃取数据的难度。
- 标签的密码：可以使用 PIN 或密码来验证标签的访问。
- 标签使用假名：RFID 标签不必用密码进行编程，但每次读取时都要更改序列号，这会使未经授权的标签跟踪变得更加困难，但会引入假名管理的问题。

RFID 系统在我们的生活中已被广泛使用，但最近报道的安全事件越来越多。下一代 EPCglobal 协议将会引领更大规模数据 RFID 的安全，并且应针对 RFID 系统的新安全威胁进行探索。最新的 RFID 安全挑战包括：

- RFID 病毒：据报道，由于标签被黑客入侵并感染病毒，RFID 系统对病毒缺乏抵抗力。但是经过完善设计的 RFID 实施可完全消除风险。
- 移动侧信道攻击。
- 埃克森美孚 SpeedPass 破解。

无线传感器网络是物联网环境中最重要的使能技术之一，对各种物联网应用显示出巨大的前景。但是，无线传感器网络面临着许多安全威胁和问题，大部分与有线所面临的类似，也有一些是新的。下面总结了无线传感器网络面临的攻击：

- DoS 攻击
- 对传输信息的攻击
- 女巫(Sybil)攻击
- 黑洞/沉洞(Blackhole/sinkhole)攻击
- 泛洪(Hello flood)攻击
- 虫洞(Wormhole)攻击

目前已提出了许多安全方案来保护无线传感器网络中的信息(https://arxiv.org/ftp/arxiv/papers/0712/0712.4169.pdf)，如表 6-2 所示。

表 6-2　WSN 中数据保护安全方案

安全方案	针对攻击类型	网络架构	主要特点
JAM	DoS 攻击(干扰)	传统 WSN	通过合并邻居节点来避免干扰区域
基于虫洞的方案	DoS 攻击(干扰)	混合传感器网络(主要无线，部分有线)	使用虫洞防止干扰
路由统计过滤	信息欺骗	拥有大量传感器，高度密集的 WSN	在转发过程中检测并丢弃错误的报告

（续表）

安全方案	针对攻击类型	网络架构	主要特点
无线电资源测试，随机密钥预测等	女巫攻击	传统 WSN	使用无线电资源，随机密钥预分配，注册程序，位置验证和代码证明来检测 Sybil 实体
双向验证多路径多基站路由	泛洪攻击	传统 WSN	采用概率秘密共享，使用双向验证和多路径多基站路由
通信安全	信息或数据欺骗	传统 WSN	高效的资源管理，即使部分网络受到威胁也能保护网络
TIK	虫洞攻击，信息欺骗	传统 WSN	基于对称密码学，要求所有通信方之间准确的时间同步，实现时间约束
随机密钥预分配	信息或数据欺骗，针对传输信息的攻击	传统 WSN	提供网络弹性，即使在部分网络受到威胁时也能保护网络，为传感器节点提供认证措施
	信息和数据欺骗	分布式传感器网络，大规模具备动态特性的 WSN	适用于允许添加和删除传感器的大型 WSN，适用于传感器节点捕获
REWARD	黑洞攻击	传统 WSN	使用地理路由，利用广播系统间切换行为观看相邻的传输和检测黑洞攻击

(续表)

安全方案	针对攻击类型	网络架构	主要特点
TinySec	信息和数据欺骗，消息重放攻击	传统 WSN	重点提供消息真实性、完整性和机密性；在链路层工作
SNEP 和 μ TESLA	信息和数据欺骗，消息重放攻击	传统 WSN	语义安全性，数据认证，重放保护，时效性差，通信开销低

6.3　通信安全

在物联网中，设备通过不同的通信技术连接在一起。因此物联网可被看作是异构网络(如无线传感器网络、无线网状网络、移动网络、RFID 系统和无线局域网)的聚合。设备/网络之间的通信对于实现可靠的信息交换至关重要，这就要求物联网提供安全、可靠、可扩展的连接。物联网也得益于互联网现有的通信协议(如 IPv6)，因为可直接通过互联网实现任意数量物联网设备的编址(Pretz，2013)。物联网中安全通信的基本原则包括：认证、可用性、机密性和完整性。资源受限导致难以为物联网提供足够的安全。然而，物联网通信系统的设计必须通过在保护措施的付出与收益之间找到适当的平衡来提供“足够的安全”。通信的安全解决方案应该设计得足够高明，以迫使黑客在成功之前放弃。常用的通信协议和潜在的安全功能包括：

- RFID(例如，ISO 18000 6c EPC class 1 Gen2)：安全特性包括机密性、完整性和可用性。表 6-3 列出了不同标准的安全特性。
- NFC、IEEE 802.11(WLAN)、IEEE 802.15.4、IEEE 802.15.1(蓝牙)：无线通信技术中需要做到：机密性、完整性、认证、可用性和恶意入侵检测。

表 6-3　6LoWPAN 的安全特性

层级	主要潜在攻击
应用层	淹没式(Overwhelm)攻击，基于路径的 DoS 攻击
传输层	洪泛攻击
网络层	恶意节点攻击；女巫攻击；虫洞攻击，欺骗攻击，路由攻击等
适配层	数据包碎片攻击
数据链路层	耗尽攻击，碰撞攻击；审讯攻击
物理层	篡改攻击等

- IETF 低功耗无线个域网(6LoWPAN)：由于 6LoWPAN 是 IEEE 802.15.4 和 IPv6 的组合，这可能会引发来自两方的影响协议栈所有层级的潜在漏洞。
- 机器对机器(M2M)：诸如 DoS 等 M2M 传统破坏性攻击可能会在 M2M 中产生新的影响。
- 传统的 IP 技术如 IP、IPv6 等：IPv4，可以保护每个设备的安全，但地址已接近耗尽，除非转换到 IPv6，否则网络根本没有足够的地址分配给爆发式增长的设备。但 IPv6 可能会引入更多未被发现的漏洞。在 IPv6 中，IPsec 可以通过认证报头(Authentication Header，AH)提供真实性和完整性，由封装安全载荷(Encapsulated Security Payload，ESP)提供机密性。最近，传输层安全(TLS)被开发成 IPsec 的替代方案，以使用公共密钥基础设施和 X.509 证书来提供双方的相互认证(Tao et al.，2014)。
- 物联网中的密钥管理：近来已经提出了许多密钥管理系统(Key Management System，KMS)。物联网中，KMS 应该基于标准协议进行设计。IPsec 使用 Internet 密钥交换(Internet Key Exchange，IKE)进行自动密钥管理。虽然 IEEE 802.15.4 没有定义 KMS，但 Cai et al. (2014)中针对 6LoWPAN IPsec 和 IEEE 802.15.4 提出了轻量级密钥管理 IKEv2。

6.4　安全协议和 6LoWPAN 栈中的隐私问题

物联网是一个涉及大量异构网络的混合网络，需要多层面的安全解决方案来防范网络入侵和中断。物联网包含连接到日常使用设备(如智能手机、监控摄像头、家用电器等)的网络。对异构网络的支持有助于物联网连接不同具有通信规范、QoS 要求、功能和目标的设备。另一方面，通过支持异构性可以整合多样化设备来降低物联网的实施成本。同时，现有的一些网络技术，如架构、协议、网络管理、安全方案等，都可能直接适用于物联网环境。物联网所涉及的网络是安全工作的核心部分，每个子网络都需要提供机密性、安全通信、加密证书等。暂时还没有出现为物联网专门设计的入侵检测系统(IDS)和入侵防御系统(IPS)，但许多基于看门狗的入侵检测系统和入侵防御系统都可以用于物联网。

6.5　服务管理安全

服务管理是指对能够满足用户或应用需求的服务的实现和管理。服务层的安全解决方案是专为服务而设计的。对于诸如消费者应用、物流、监控、智能医疗等服务，它们的安全问题有一些相似之处，包括：认证、访问控制、隐私、信息完整性、证书和 PKI 证书、数字签名，以及不可抵赖性等。对于不同的服务，安全方案可能会根据服务功能、场景和特殊要求而专门设计。

第7章 现有的物联网安全方案

本章在介绍物联网主要安全概念的同时，会突出这些概念之间的区别。然后会深入讨论和分析相关文献中现有的安全解决方案。

7.1 数据安全和隐私

隐私和安全通常可以互换使用。虽然这两个概念密切相关，但也存在着明显差异。事实上，隐私与人相关。它确保人们能够控制在特定应用中(如在互联网中)披露的信息。事实上，保护隐私意味着为特定目的而披露的个人信息不会被其他未授权的实体使用，也不会被利用来推测进一步的信息。另一方面数据安全与数据有关，并且在一些文献中通常是指为确保一组属性而部署的不同保护方法。下面我们对每种属性进行简要说明。

- 机密性：确保除了授权相关实体之外，通信过程中的数据交换都是保密的。一般通过加密来确保机密性。

- 完整性和可靠性：完整性确保两个实体在通信过程中所交换的数据没有被未授权实体篡改，可靠性能确保数据来源的真实性，可以通过消息认证码(MAC)来提供这两个属性。
- 可用性：确保数据在授权实体需要时可使用。这意味着尽管遭受到安全攻击(如拒绝服务攻击)和硬件故障，通信系统也必须保持可用。备份系统和冗余是用于提供可用性的方法。
- 不可否认性：确认实体确实参与了信息交换的方法，如发送/接收信息或数字签名。
- 访问控制：确保所涉及的实体被授权通信，并且受保护信息只被授权实体访问。访问控制通常通过三个连续步骤来得到保证。**身份识别**，一种身份证明(即，某人是谁或某物是什么)；然后通过**身份认证**来认证，这一步确保所涉及实体提供的身份是正确的；在成功识别和认证之后，**授权**允许确定可以访问哪些信息以及可以执行哪些操作。

安全和隐私之间的关系可以描述为：安全是必要的，但不足以保护隐私。事实上，任何对安全属性的破坏，特别是数据机密性，都会对隐私产生直接影响。尽管如此，即使保证了安全属性，恶意实体为了非法目的，也可以利用自愿披露的数据来推断信息。

7.2 数据保密和密钥管理

保护数据机密性对物联网应用来说非常重要。事实上，物联网应用的任何问题都会严重威胁到用户隐私。因此，广泛部署物联网应用程序可能会受到阻碍。为了保证数据的机密性，通常使用密码算法来实现数据加密。这样做，即使交换的数据被窃听，攻击者也将无法获取到内容。与“通过隐匿来实现安全(Security by Obscurity)”原则相反，Kerckhoffs 原则(Kerckhoffs，1883)指出：密码系统应该依赖于密钥的保密性。实际上，这个原则假定攻击者能够访问和掌握密码协议，然而密码系统的关键在于密钥保密。密码算法分为两大类。

- 对称协议：在这类算法中，所涉及的实体之间使用相同共享的密钥对数据进行加解密。对称加密的主要缺点是：相关方可以访问共享密钥。实际应用中，建立一个安全通道来分发密钥是具有挑战性的。然而，与非对称协议相比，对称协议的资源消耗更少(De Meulenaer et al.，2008)。对称算法可用于计算 MAC 消息，其目的是为了提供真实性和完整性。在实际环境中，会将交换信息和共享对称密钥通过哈希函数(如 HMAC)进行计算得到 MAC 消息。接收方使用相同的共享密钥计算自己的 MAC，并将其与接收到的 MAC 进行比较。如果两个 MAC 消息相同，则意味着该消息没有被更改，从而确保了完整性。否则，这两个 MAC 消息是不会完全相同的。另外，两个 MAC 消息的一致性还表明消息是可信的，因为它保证了这是由拥有共享对称密钥的实体发送的消息。AES 加密算法的 CCM 模式(Counter with CBC-MAC，AES-CCM)定义了一种高级加密标准(AES)加密算法，使用密码分组链接(CBC)模式用于生成 MAC，使用 AES 计数模式(AES Counter Mode，AES-CTR)用于加密，是对称协议的例子(Dworkin，2007)。
- 非对称协议：在这类算法中，在加密/解密过程使用了一对公钥/私钥。加密方用接收方的公钥来加密数据，公钥是公开的，接收方使用自己的私钥来解密加密过的信息。与公钥不同，私钥是保密的，仅所有者可以使用。数字签名是基于非对称协议实现的。在实际环境中，一个实体能使用私钥对消息进行加密后完成签名，接收实体使用发送实体的公钥来核实签名，数字签名提供对消息来源的身份认证。事实上，私钥会被绑定到一个特定的实体。因此，一个有效的签名证明了该消息事实上就是由那个特定实体发送的。数字签名也提供了完整性，如果在传输过程中消息被改变，签名将不再有效。此外，由于对签名私钥的访问仅限于其所有者，因此也保证了不可否认性。在物联网背景下，非对称协议的主要缺点是：与对称协议相比，它们运算量很大(De Meulenaer et al.，2008)。RSA 和椭圆曲线密码系统是非对称密码原语的主要例子(Gura et al.，2004)。

Kerckhoffs 原则在安全系统的设计中被广泛采用(Shannon, 1949)。因此，密钥管理协议是任何密码系统的基石。密钥管理协议负责生成和分发所需的密钥材料，该协议可以分为两大主要方法(Roman et al.，2011a)。

- 预共享法：此方法基于两个愿意保护他们通信的人之间的密钥材料的预分发。这些密钥材料被用于生成一个秘密的共享密钥。这类方法的主要问题是密钥材料的初始分配，而分配要在任何信息交换之前进行，因此，这些协议不适用于尚未建立共享上下文的两个实体之间。然而，预共享方法提供了可忽略不计的计算开销，因为不需要复杂的计算来建立共享秘密。
- 公钥式方法：此方法基于非对称的原理，在两个实体没有预先建立上下文的情况下，建立两个实体之间的共享秘密。公钥式方法的主要问题是计算开销很大。例如，Diffie-Hellman 密钥交换协议(Rescorla, 1999)使用指数来计算，这对物联网资源有限的实体来说消耗是很大的(Wander et al.，2005)。然而，公钥式方法可提供为未知实体之间建立秘密交互信息的功能，这对未来的动态物联网应用来说可能是必要的。

为了评估密钥管理协议，需要考虑以下几个属性(Shirey，2000，2007)。

- 分发：在密钥建立所使用的初始信息被分发的过程中会用到该属性，分发可以在离线模式或在线模式下实现。在离线模式下，所需信息被设置为上游。另一方面，在线模式允许相关实体在没有任何预先设定的上下文情况下参与到交换过程中。在动态物联网的情况下，优先选择在线模式的分发协议。

- 身份认证：该属性确保对密钥交换过程中涉及的实体进行身份认证。在采用公钥式方法时，可以通过使用数字签名来实现身份认证，或者也可以通过预共享式方法的初始共享秘密来实现。由于数据源的真实性至关重要，尤其是对于敏感应用程序，身份认证在物联网应用程序中尤其被重视。
- 可扩展性：该属性关系到在初始密钥交换之后能延伸到更多实体的可能性。事实上，在一些密钥管理协议中，密钥交换过程中涉及的实体数量是有限的。对于连接对象数量较多的物联网应用来说，可扩展性是一个至关重要的属性。
- 弹性：如果一个提供秘密信息的实体中断，无法从中提取秘密信息，此时若使用具有弹性的密钥管理协议，那么中断对整个系统的影响就会非常有限。确保物联网应用的这个属性，一定会加强其安全级别。事实上，物联网环境中的实体可能会长时间处于无人值守状态，因此很容易受到物理攻击和出现服务中断。
- 物联网可伸缩性：如果存储在一个实体中的密码材料数量不是随着密钥交换过程中新实体数量变化呈线性(或者最差呈指数)增减的话，那么这个属性会用来保证这一点。由于物联网连接实体数量预计将会显著增长，因此对物联网应用的可伸缩性要极为重视。
- 可抵抗共谋(Collusion freedom)：该属性意味着任何一组被破解的用户都无法访问生成的秘密信息。

群组通信(组播)是未来物联网通信的重要组成部分，包括一对多、多对多和多对一的通信。为了保护这些类型的通信，要使用组密钥管理协议(Group Key Management Protocol，GKMP)。后者负责生成、分发和维护共享密钥，除了双方密钥管理协议所要求的安全属性之外，GKMP 还需要确保两个主要的安全属性(Challal and Seba，2005)。

- 后向保密：此属性与组成员的动态有关。当一个新成员加入一个组时，可以访问他加入之前的交换信息。如果新成员先前已经存储了交换的信息，那么在接收到组密钥之后就可以解密它们。后向保密性确保新成员不能访问其加入前发生过的通信。

- 前向保密：该属性考虑的是在组成员离开时的情况。当组成员离开组之后就无法解密交换信息以提供前向保密性。

7.3 文献综述

关于安全问题如何阻碍物联网发展方面的文献有很多。实际研究表明，由于数十亿智能实体将以随机和不可预知的方式彼此汇聚协作，因此物联网应用安全至关重要(Roman et al.，2011b；Medaglia and Serbanati，2010；Miorandi et al.，2012；Weber，2010)。

在网关和实体(如节点)之间创建一个安全通道是实现安全机制的关键。为了建立这样的通道，需要密钥管理协议来使两个远端设备彼此协商安全凭据。相关文献中已经提出了各种方法来实现密钥建立过程。例如，如果仅在密钥创建过程的早期阶段使用，那么公钥密码体制可能是适用的(Malan et al.，2004)。此外，预共享密钥解决方案可以用于有限的现实场景中，在这种情况下可以使用离线模式分配密钥(Prashar and Vashisht，2012)。另外，密钥池范式包括几个可用来提高可扩展性的方法，但同时也牺牲了其密钥连接性(Eschenauer and Gligor，2002)。

有几种方法可以为基于 IP 的物联网定制安全协议，这些工作的主要重点是使基于标准的安全协议适用于受限的物联网环境。目前，已提出几种针对基于 IP 的物联网压缩方案。IPv6 报头的压缩、用户数据报协议(User Datagram Protocol，UDP)报头的扩展都已经通过 6LoWPAN 适配层进行了标准化(Montenegro et al.，2007)、Hui and Thubert，2011)。此外，Granjal et al. (2010)和 Raza et al. (2011)中已经提出了基于 6LoWPAN 的 IPsec 载荷报头的压缩技术：认证报头(AH)和封装安全载荷(ESP)后来在 Raza et al. (2013)中实现标准化。

另外，为了建立 IPsec 安全关联的轻量级自动方式，(Raza et al.，2012b)中提出了互联网密钥交换(IKE)压缩方案。同样，Raza et al. (2012a)、Hummen et al. (2013a)以及 Sahraoui and Bilami (2015)分别介绍了用于数据报传输层安全(DTLS)、主机身份例行交换协议(Host Identity Protocol Diet Exchange，HIP DEX)和 HIP 基本交换协议(HIP Base Exchange，HIP BEX)的报头压缩层。

除了数据包压缩方案之外，更多先进的设计方案被引入用于物联网安全协议的定制。Hummen et al. (2013b)中已经提出对 HIP DEX 进行轻量级扩展，并且可以普遍应用到 DTLS 和 IKE 中。同样，Hummen et al. (2013c)还引入了一种设计思路，可以减少 DTLS 握手的开销，主要目标是为了使身份认证可以在物联网环境中可行。此外，为了将计算负载分担给第三方，提出了协议原语的授权过程。Saied and Olivereau(2012a，2012b，2012c)中已经引入了 HIP 协作机制。他们的想法是利用受约束节点附近更强大的节点，以分布的方式进行大规模计算。同样，Bonetto et al. (2012)提出将 IKE 会话的建立授权给网关。此外，Freeman et al. (2007)引入了一个授权过程，使客户能够将证书验证委托给受信任的服务器。虽然所提出的委托方法减少了受约束节点的计算负载，但它们需要一个可信的第三方来打破端对端的机制。

组密钥管理协议(GKMP)在传统文献中被分为三大类：集中式、分布式和非集中式(Daghighi et al. 2015；Rafaeli and Hutchison，2003；Romdhani et al.，2004)。

集中式类别中提出了几种方法。在这一类别中，密钥管理由一个被称为密钥管理服务器(Key Management Server，KMS)的中央实体来保证。KMS 是一个强大的实体，负责整个组的密钥更新。为此，在初始化阶段 KMS 需要和组节点之间建立可信通道，之后使用这个通道来安全地更新组内密钥。Harney and Muckenhirn(1997)中已提出 GKMP。在此协议中，KMS 维护一个包含组播流量加密密钥(Group Traffic Encryption Key，GTEK)的组播密钥报文(Group Key Packet，GKP)，以保证流量的安全性，还有一个加密组播会话密钥的密钥(Group Key Encryption Key，GKEK)来保证GKP的传输。在发生一个成员加入组事件时，KMS使用旧的GTEK分发新的GKP。但是，在发生成员离开组事件时，KMS会将新的GKP作为单播消息发送给每个组成员。这产生了O(n)复杂度，这使得该协议不能扩展到大型的、动态的网络。Veltri et al. (2013)中介绍了一种基于时间间隔的集中式协议。该协议会预测组成员何时会离开组。事实上，当一个组成员第一次加入该组时，KMS就会为有意加入该组的成员发送一段时期内所需的密钥材料。当期限到期时，成员可以在不触发更新事件的情况下离开组。然而这种方法带来了一些问题。事实上，预测组成员的离开时间对于高度动态的网络来说很难完全现实。此外，限制需要长时间保留在组中的成员，将会面临存储方面的问题。因此，这个协议并不适用于具有大量不可预知离开事件的动态网络，例如物联网环境。

Chiou and Chen(1989)中介绍了一种利用中国剩余定理的安全锁协议(Secure Lock protocol)。其基本思想是用一个单一广播而不是对等消息来更新组密钥。这种方法以高计算成本为代价来尽量减少交换消息的数量，这个成本是由每次更新之前的“中国剩余”计算产生的。基于分级的协议，例如逻辑密钥层次(Logical Key Hierarchy，LKH)协议(Wong et al.，2000)和改进LKH的单向函数树协议(Balenson et al.，1999)，旨在进一步降低密钥更新成本(如OLog(n))。这些协议都基于KMS，并且KMS与网络的子组共享密钥加密密钥(Key Encryption Keys，KEK)。在密钥更新事件发生之后，KMS使用未知子组的共享密钥去连接成员，并分发新的TEK。因此，所需的更新消息数量减少了。简而言之，集中式协议利用对称算法，避免组内的对等通信，但仍然受到单点故障和可扩展性问题的影响。

在分布式协议中，组成员在密钥更新过程中互相协作，因此不需要像集中式协议那样有一个中央实体。但是，成员之间仍然需要点对点通信。基于树的组Diffie-Hellman(Tree-based Group Diffie-Hellman，TGDH)协议(Kim et al.，2004)，后来由Lee et al. (2006)改进，是基于一个分层二叉树。树的每个节点都与两种类型的密钥关联：一个秘密密钥和一个盲(公共)密钥。TGDH 依赖于经典的双向 Diffie-Hellman 协议。因此，非叶节点密钥的计算是基于一个子节点秘密密钥和另一个子节点盲密钥的知识。总的来说，分布式协议提供了高可靠性的优势，因为不依赖于单一的可信实体。但是，组成员之间需要进行完整的点对点通信。此外，分布式协议除了使用复杂的非对称操作外，还会产生大量的交换消息。

分散式协议将网络划分为几个区域。每个区域都与一个层级关联。KMS 负责保障每个区域的密钥管理流程。传统上，这个类别被进一步分为两个子类别(Daghighi et al.，2015)：每个区域的普通 TEK(Briscoe，1999；Rafaeli and Hutchison，2002)和每个区域的独立 TEK(Piao et al.，2013；Mehdizadeh et al.，2014)。在第一个子类别中，相同的 TEK 被用来保护组内不同区域的通信，这避免了区域之间的数据转换。但是，当更新事件发生时，所有组成员都会受到影响。因此，这个类别受到牵一发动全身问题的影响。第二个子类别缓解了这一问题，因为每次更新只涉及需要建立新密钥的区域。结果，数据路径会受到影响。事实上，从一个区域传递到另一个区域的数据必须在每个区域的边界进行转换。Challal and Seba(2005)中将分散式协议分为时间驱动更新子类别(Briscoe，1999；Setia et al.，2000)和组成员驱动更新子类别(Rafaeli and Hutchison，2002；Ballardie，1996)。在时间驱动的方式中，不必考虑组成员事件，在每个时间间隔结束之后都会触发密钥更新。这种方法通过触发多个事件的一次密钥来减少消息交换的数量。尽管如此，离开的组成员在时间间隔结束前还是能够通信。同样的，一个新加入的成员将不得不等待一个新的时间间隔的开始，才能够访问数据。在“组成员驱动”子类别中，每个组成员事件都会促使更新组密钥。

物联网应用的普遍和分布特点使得移动性成为物联网最重要的特性之一。然而，上面提到的大多数方法并没有考虑到成员从一个区域移动到另一个区域的流动性。相反，移动性被认为是要离开源区域，然后加入到目的区域，这样就意味着要对这两个区域进行更新。物联网的资源约束使得这样的解决方案不可行。实际上，一些文献中已经提出了有效处理 GKMP 的移动性问题的方法(Gharout et al.，2012；Kamat et al.，2003)。事实上，为了减少更新的开销，这些解决方案认为前向保密是内在实现的。这样做可以减少消息交换的数量，避免在源区域内进行密钥更新操作，却以牺牲前向保密性为代价。此外，用于处理移动成员的列表通常可在 KMS 中实现。在像物联网这样庞大且高度变化的网络中，维护一个移动成员列表可能会很快变得非常复杂，难以管理。

第 8 章

社交物联网的安全问题

社交物联网(Social Internet of Things，SIoT)(Atzori et al.，2012)在社交网络和物联网之间建立起了连接。其主要观点是绑定在社交网络上的大量个体比单个个体(即使是知识渊博充满智慧的个体)能更为准确地回答复杂的问题。未来，物体将和它们所能提供的服务连接起来。为了在给定社交网络群中更好地实现服务，一个重要的目标是发布信息/服务，找到它们，然后发现新资源——这通过浏览“朋友圈”的社交网络来实现而不是通过难以搜索万亿设备的典型互联网搜索工具来实现。

Atzori et al. (2012)和 Ortiz et al. (2014)断言人群中的社交关系可能适用于实现普遍应用的典型对象的某些行为。许多应用和服务无疑应当与设备群组相关联，共同达到提升为用户所提供服务总体效果的目的(例如，与群体智能和集群机器人场景中应用的方法相同)。

社交物联网依赖于基本类型的关系，例如在属于相同生产批次的对象之间建立的父母对象关系(Parental Object Relationship，POR)，或属于同一用户的异构对象(如手机，游戏机等)的所有权对象关系(Ownership Object Relationship，OOR)。这些关系的建立和管理应该在没有人为干预的情况下进行。人工将只负责设置对象规则和它们之间的社交交互。简而言之，社交物联网将当前社交网络和将来的物体网络并在了一起，目的是发布、发现信息和挖掘新资源进而更好地实现服务。然而，相比经典物联网(无社交特性)，社交物联网可能会遭受(Atzori et al.，2014)更多的安全威胁。为了将社交物联网带入现实，设备要加强认知能力。这将允许设备通过共享信息和与另一个物体连接而更有自治性。因此，社交物联网必须有额外的安全机制去处理它比传统物联网增加的那些特性。事实上，考虑到嵌入式认知能力的复杂性，需要建立上下文感知的访问控制系统。此外，需要设计能耗敏感的安全协议以应对新加特性所增加的能耗需求。

第9章

医疗物联网的机密性和安全性

物联网(IoT)的发展将引入大量的应用程序，并深度改善我们的日常生活。电子医疗应用是越来越受到关注的典型应用之一(Atzori et al., 2010)。电子医疗系统是一种基于无线电频率的无线网络技术，能提供无处不在的网络功能。它基于植入或者放置在人体周围的、增强了传感能力/驱动能力的、微型节点间的互连方式。电子医疗应用本质上是情景感知的、个性化的、动态的和可预期的。由于 IoT 的设计能满足这些关键特性，因此可以为这些应用的高效部署提供一个天然且合适的环境。事实上，有关电子医疗方面的物联网应用模式已经被广泛研究(Istepanian et al.，2010)。人口老龄化以及因意外事故和疾病带来的生存威胁会使得人们的需求不断增加，需要持续的医疗保健和监测(Dohr et al.，2010)。

电子医疗应用可以使患者免于长期住院，减少病人在医院的过夜时间以及可能导致的相关风险，这将是医学界重点关注的领域。此外，如果拥有了连续监测能力，那么就可以预测急诊救助治疗事件。而且，也可以远程实现早期诊断(Patel and Wang，2010)。简而言之，在物联网背景下的电子医疗应用构成了当今患者最感兴趣的具有成本效益和务实的解决方案。

不过，电子医疗作为一项物联网应用(Atzori et al.，2010)，自然而然继承了主要的物联网安全威胁和挑战。有关安全问题如何阻碍物联网发展是有大量文献的。事实上，研究表明，任何物联网应用的安全性将是至关重要的，因为数十亿智能终端将以随机和不可预知的方式彼此联系(Roman et al.，2011a；Medaglia and Serbanati，2010；Miorandi et al.，2012；Weber，2010)。这也表明，尽管物联网基础设施包含了类似于在互联网上运行的协议和接口，但基于传统已知对策来直接处理物联网的威胁将是艰巨的，主要体现在如下几点：

- 能源和计算资源的短缺将阻碍传统解决方案的部署。
- 用于构成物联网(受限制和非受限)的设备，其分布性和异构性可能带来端到端安全间隙问题。
- 物联网将具有高度的可扩展性和动态性，因此传统的公钥基础设施需要进行调整才能满足这些需求。
- 终端将不得不管理动态身份来处理上下文情景感知应用。
- 无线连接将成为主要的通信媒介，这就会导致各种攻击，如：窃听和侧信道攻击。
- 物联网中的对象可能长时间处于无人值守状态，因此更容易受到物理攻击。

此外，不同作者(Li and Lou，2010；Javadi and Razzaque，2013；Lim et al.，2010；Ng et al.，2006)的研究强调，与其他物联网相比，电子医疗应用可能更容易受到攻击，因为这些应用产生的数据具有高度的敏感性和隐私性。与健康有关的记录在本质上就是隐私，任何关于这些数据保密的安全漏洞都会严重影响患者采用电子医疗解决方案。例如，许多人不愿意将他们的个人健康信息(如怀孕早期或某些医疗条件的详细信息)泄露给第三方(Al Ameen et al.，2012)。事实上，窃听通信可以用于许多非法目的。而且，对健康相关数据的任何最终修改都可能导致灾难性后果，因为这可能会导致错误的医疗处方或延迟进行急诊救助治疗。

一些攻击可能威胁安全通道的建立(Li and Lou，2010；Lim et al.，2010)。下面我们重点介绍一下针对开放系统互联(Open System Interconnection，OSI)模型的网络层和传输层的攻击。

确保密钥的时效性是一个重要的安全问题。实际上，相关实体必须能够检测出重发的消息。特别是与其他应用场景相比，电子医疗应用在面对这种攻击时可能会更为脆弱。过期的信息可能导致医疗救助措施不充分。为了克服这个问题，可以在不同的消息交换中引入随机数(Nonce)。实际上，这些随机数可以使用以下策略之一来实现：

- 随机数字(Random number)
- 序列号
- 时间戳

随机数字可以应用在电子医疗情景解决方案中。一个智能对象可以在内部存储器中保存以前收到的随机值列表。在收到新消息时，它检查是否已经接收过这个随机数。这样就能检测到重放的消息。这个解决方案也带来了一个问题；智能对象必须在其内部存储器中保存接收到的随机数列表。尽管如此，由于闪存技术(Tsiftes and Dunkels，2011)的最新进展，智能对象现在提供了相当大的存储空间，从而减少了存储空间的问题。第二个解决方案是基于序列号，不需要任何数据存储。事实上，序列号是在交换消息时提供一个顺序的计数器。在消息重放的情况下，其计数器值会小于或等于当前的计数器值。因此，该消息会被丢弃。但是，如果其中一个实体出现故障(如重启、硬件故障等)，那么此保护不再有效。实际上这个实体将失去当前的计数器值。此外，为了保证消息的时效性，还可以使用时间戳。这个解决方案应用在受限制的实体上是非常耗能的，因为必须保持时钟的同步。简而言之，通过依据网络模型特性将上述策略组合，可以保护电子医疗应用免受消息重放的影响。

拒绝服务(DoS)攻击可能会严重威胁到电子医疗应用的可用性。实际上，即使系统受到 DoS 攻击，收集到的与健康相关的数据也应该始终可用。事实上，如果任何涉及的实体无法访问，就意味着它不再能够收集或处理数据，这种情况会造成灾难性的后果。为了说明这个威胁，我们可以假设一个智能对象被植入患有心脏病的患者体中。如果出现一个表示即将发生心脏病方面的心脏数值，那么就应该立即将该数值传送给医疗服务机构。由于 DoS 攻击造成的任何延迟都可能是致命的。可以实施多种机制来缓解 DoS 攻击。每个交换消息必须在处理的上游被认证。事实上，在对信息交换所涉及的不同实体进行认证之前，不会建立内部连接状态。此外，还可以实施限速和访问控制列表等经典对策。另外，基于电子医疗应用的敏感性，也可以使用冗余技术。每当智能对象被 DoS 攻击而导致无法使用时，数据交换将在冗余节点的帮助下继续进行。

女巫攻击，即一个节点模仿多个假身份，这在电子医疗应用的场景中可能是非常有害的。通过这种攻击，入侵者可以假冒身份发布虚假信息。结果导致真实的紧急情况被忽略或者不断出现虚假紧急情况。女巫攻击可通过基于网络模型的不同策略来缓解。事实上，在确保使用共享知识(即密钥)进行认证的同时，将发送者的身份包含在交换的消息中，这会是一种有效防止女巫攻击的机制。这样做，攻击者将无法通过使用同一个共享密钥进行多个身份的认证。此外，还可以使用可信认证来缓解女巫攻击，并且确保每个实体都被分配一个身份。

关于电子医疗应用的威胁模型，另一个要关注的是旨耗尽传感器资源使其无法使用的攻击。例如，去同步化攻击是针对交换消息的序列号的攻击。这将导致无限的重传，最终消耗资源和带宽。提供消息完整性是防止这类攻击的主要安全措施。事实上，可以对每个交换消息计算并验证消息认证码信息，以确保所包含的数据没有被改变。

电子医疗应用还会遭受其他攻击。特别是，可以快速阻碍功能的路由攻击，使得这些应用无法使用(Karlof and Wagner，2003)。保障路由过程通常会引入入侵检测系统(Karlof and Wagner，2003)。

参考文献

第 1 章参考文献

Atzori, L., Iera, A., Morabito, G., Nitti, M., 2012. The social internet of things(siot)-when social networks meet the internet of things: concept, architecture and network characterization. Comput. Networks 56(16), 3594-3608.

Bamforth, R., 2014. Internet of things, scada, ipv6 and social networking.

Bi, Z., Xu, L., Wang, C., 2014. Internet of things for enterprise systems of modern manufacturing.IEEE Transact. Indust. Informat.

Cai, H., Xu, L., Xu, B., Xie, C., Qin, S., Jiang, L., 2014. IoT-based configurable information service platform for product lifecycle management.

Chen, Y., Han, F., Yang, Y.-H., Ma, H., Han, Y., Jiang, C., et al., 2014. Time-reversal wireless paradigm for green internet of things: an overview.

Choi, J., Li, S., Wang, X., Ha, J., 2012. A general distributed consensus algorithm for wireless sensor networks. Paper presented at the Wireless Advanced(WiAd), 2012.

Council, N., 2008. Disruptive civil technologies: six technologies with potential impacts on us interests out to 2025. Paper presented at the Conference Report CR.

Di Pietro, R., Guarino, S., Verde, N., Domingo-Ferrer, J., 2014. Security in wireless ad-hoc networks-a survey. Comput. Commun. 51, 1-20.

Esad-Djou, M., 2014. IT-security: Weblogic server and oracle platform security services(OPSS). Retrieved from < http://thecattlecrew.wordpress.com/2014/02/17/it-securityweblogic- server-1/>.

Fielding, R.T., Taylor, R.N., 2002. Principled design of the modern web architecture. ACM Transact. Internet Technol. 2(2), 115-150.

Floerkemeier, C., Roduner, C., Lampe, M., 2007. RFID application development with the accada middleware platform. IEEE Syst. J. 1(2), 82-94.

Furnell, S., 2007. Making security usable: Are things improving? Comput. Security 26(6), 434-443.

Gama, K., Touseau, L., Donsez, D., 2012. Combining heterogeneous service technologies for building an internet of things middleware. Comput. Commun. 35(4), 405-417.

Gaur, H., 2013. Internet of things: thinking services.

Gu, L., Wang, J., Sun, B., 2014. Trust management mechanism for internet of things. China Commun. 11(2), 148-156.

He, W., Xu, L., 2012. Integration of distributed enterprise applications: a survey.

Hendricks, K.B., Singhal, V.R., Stratman, J.K., 2007. The impact of enterprise systems on corporate performance: a study of ERP, SCM, and CRM system implementations. J. Operat. Manage. 25(1), 65-82.

Hepp, M., Siorpaes, K., Bachlechner, D., 2007. Harvesting wiki consensus: using Wikipedia entries as vocabulary for knowledge management. IEEE Internet Comput. 11(5), 54-65.

Hernandez-Castro, J.C., Tapiador, J.M.E., Peris-Lopez, P., Li, T., Quisquater, J.-J., 2013. Cryptanalysis of the SASI ultra-light weight RFID authentication protocol. arxiv.

Hitt, L.M., Wu, D., Zhou, X., 2002. Investment in enterprise resource planning: business impact and productivity measures. J. Manage. Informat. Syst. 19(1), 71-98.

Hoyland, C.A.M., Adams, K., Tolk, A., Xu, L.D., 2014. The rq-tech methodology: a new paradigm for conceptualizing strategic enterprise architectures. J. Manage. Analyt. 1(1), 55-77.

HP Company, 2014. Internet of things research study. Retrieved from <http://h30499.www3.hp.com/hpeb/attachments/hpeb/application-security-fortify-on-demand/189/1/HP-IoT-Research-Study.pdf>.

ITU, 2013. The internet of things, international telecommunication union(ITU) internet report.

Kang, K., Pang, Z., Da Xu, L., Ma, L., Wang, C., 2014. An interactive trust model for application market of the internet of things. IEEE Trans. Indust. Informat. 10(2), 1516-1526.

Keoh, S., Kumar, S., Tschofenig, H., 2014. Securing the internet of things: a standardization perspective.

Kim, H., 2012. Security and vulnerability of SCADA systems over ip-based wireless sensor networks. Int. J. Distrib. Sensor Networks 2012, 1-10.

Kranenburg, R.V., Anzelmo, E., Bassi, A., Caprio, D., Dodson, S., Ratto, M., 2011. The internet of things. Paper presented at the 1st Berlin Symposium on Internet and Society(Versión electrónica). Consultado el.

Li, D.X., 2011. Enterprise systems: state-of-the-art and future trends. IEEE Transact. Indust. Informat. 7(4), 630-640.

Li, F., Xiong, P., 2013. Practical secure communication for integrating wireless sensor networks into the internet of things.

Li, L., Li, S., Zhao, S., 2014a. Qos-aware scheduling of services-oriented internet of things.

Li, L., Wang, B., Wang, A., 2014b. An emergency resource allocation model for maritime chemical spill accidents. J. Manage. Analyt. 1, 146-155.

Li, S., Xu, L.D., Zhao, S., 2014c. The internet of things: a survey. Informat. Syst. Front. 17, 243-259.

Lim, M.K., Bahr, W., Leung, S.C., 2013. Rfid in the warehouse: a literature analysis(1995-2010) of its applications, benefits, challenges and future trends. Int. J. Product. Econom. 145(1), 409-430.

Miorandi, D., Sicari, S., De Pellegrini, F., Chlamtac, I., 2012. Internet of things: vision, applications and research challenges. Ad Hoc Networks 10(7), 1497-1516.

Ning, H., 2013. Unit and Ubiquitous Internet of Things. CRC Press, Boca Raton, FL.

Ning, H., Liu, H., Yang, L.T., 2013. Cyberentity security in the internet of things. Computer, 46(4), 46-53.

Oppliger, R., 2011. Security and privacy in an online world. Computer 44(9), 21-22.

Peris-Lopez, P., Hernandez-Castro, J.C., Estevez-Tapiador, J.M., Ribagorda, A., 2006. M2ap: a minimalist mutual-authentication protocol for low-cost rfid tags. Ubiquitous Intelligence and Computing. Springer, Heidelberg, pp. 912-923.

Perna, M., 2013. Security 101: securing SCADA environments. Retrieved from <http://blog.fortinet.com/post/security-101-securing-scada-environments>.

Pretz, K., 2013. The next evolution of the internet. Retrieved from<http://theinstitute.ieee.org/technology-focus/technology-topic/the-next-evolution-of-the-internet>.

Raza, S., Shafagh, H., Hewage, K., Hummen, R., Voigt, T., 2013. Lithe: lightweight secure CoAP for the internet of things.

Raza, S., Voigt, T., Jutvik, V., 2012. Lightweight ikev2: a key management solution for both the compressed ipsec and the IEEE 802.15. 4 security. Paper presented at the Proceedings of the IETF Workshop on Smart Object Security.

Roe, D., 2014. Top 5 internet of things security concerns. Retrieved from < http://www.cmswire.com/cms/internet-of-things/top-5-internet-of-things-security-concerns-026043.php>.

Roman, R., Najera, P., Lopez, J., 2011. Securing the internet of things. Computer 44(9), 51-58.

Roman, R., Zhou, J., Lopez, J., 2013. On the features and challenges of security and privacy in distributed internet of things. Comput. Networks 57(10), 2266-2279.

Sundmaeker, H., Guillemin, P., Friess, P., Woelfflé, S., 2010. Vision and challenges for realising the internet of things: EUR-OP.

Tan, W., Chen, S., Li, J., Li, L., Wang, T., Hu, X., 2014. A trust evaluation model for e-learning systems. Syst. Res. Behav. Sci. 31(3), 353-365.

Tao, F., Cheng, Y., Xu, L.D., Zhang, L., Li, B.H., 2014. Cciot-cmfg: Cloud computing and internet of things based cloud manufacturing service system.

Wang, F., Ge, B., Zhang, L., Chen, Y., Xin, Y., Li, X., 2013. A system framework of security management in enterprise systems. Syst. Res. Behav. Sci. 30(3), 287-299.

Wang, K., Wu, M., 2010. Cooperative communications based on trust model for mobile ad hoc networks. IET Informat. Security 4(2), 68-79.

Weber, R.H., 2013. Internet of things-governance quo vadis? Comput. Law Security Rev. 29(4), 341-347.

Welbourne, E., Battle, L., Cole, G., Gould, K., Rector, K., Raymer, S., et al., 2009. Building the internet of things using rfid: the rfid ecosystem experience. IEEE Internet Comput. 13(3), 48-55.

Wieder, B., Booth, P., Matolcsy, Z.P., Ossimitz, M.-L., 2006. The impact of erp systems on firm and business process performance. J. Enterprise Informat. Manage. 19(1), 13-29.

Xiao, G., Guo, J., Xu, L., Gong, Z., 2014. User interoperability with heterogeneous iot devices through transformation.

Xu, B., Xu, L.D., Cai, H., Xie, C., Hu, J., Bu, F., 2014a. Ubiquitous data accessing method in iot--based information system for emergency medical services.

Xu, L., He, W., Li, S., 2014b. Internet of things in industries: a survey. IEEE Transact. Indust. Informat. 99, 1.

Xu, L.D., 2011. Information architecture for supply chain quality management. Int. J. Product. Res. 49(1), 183-198.

Yao, X., Han, X., Du, X., Zhou, X., 2013. A lightweight multicast authentication mechanism for small scale iot applications.

Yuan Jie, F., Yue Hong, Y., Li Da, X., Yan, Z., Fan, W., 2014. Iot-based smart rehabilitation system. IEEE Transact. Indust. Informat. 10(2), 1568-1577.

第 2 章参考文献

Atzori, L., Iera, A., Morabito, G., 2010. The Internet of Things: A Survey. Computer Networks54(15), 2787-2805.

Computerworld, September 16, 2010. Siemens: Stuxnet worm hit industrial systems.

Duqu: A Stuxnet-like malware found in the wild, technical report, October 14, 2011, Laboratory of Cryptography of Systems Security.

ETSI TR103 167 v0.3.1, 2011. Machine to machine communications(M2M): threat analysis and counter-measures to M2M service layer.

Esad-Djou, M.(2014). IT-security: weblogic server and oracle platform security services(OPSS). Retrieved from<http://thecattlecrew.wordpress.com/2014/02/17/it-security-weblogic-server-1/>.

Li, S., Tryfonas, T., Li, H., 2016. The internet of things: A security point of view. Internet Research 26(2), 337-359.

第 3 章参考文献

Barros, J., Rodrighues, M.R.D., 2006. Secrecy Capacity of Wireless Channels, In: Proceeding of the IEEE International Symposium on Information Theory(ISIT 2006), Seattle, WA, 9-14 July 2006.

Korner, C.I., Korner, J., 2002. Broadcast channels with confidential messages. IEEE Trans. Inf.Theory 24(3), 339-348.

Wyner, A.D., 1975. The wire-tap channel. Bell Syst. Tech. J. 54, 1355-1387.

第 5 章参考文献

Bi, Z., Xu, L., Wang, C., 2014. Internet of things for enterprise systems of modern manufacturing. Ind. Inf., IEEE Trans. 10(2), 1537-1546.

Choi, J., Li, S., Wang, X., Ha, J., 2012. A general distributed consensus algorithm for wireless sensor networks. Wireless Advanced(WiAd), 2012. IEEE, London, United Kingdom, pp. 16-21.

Fielding, R.T., Taylor, R.N., 2002. Principled design of the modern web architecture.ACM Trans.Internet Technol.(TOIT) 2(2), 115-150.

Hernandez-Castro, J.C., Tapiador, J.M.E., Peris-Lopez, P., Li, T., and Quisquater, J.-J.(2013).Cryptanalysis of the SASI ultralightweight RFID authentication protocol. ArXiv.

Li, D.X., 2011. Enterprise systems: State-of-the-art and future trends. Ind. Inf., IEEE Trans. 7(4),630-640.

Ning, H., 2013. Unit and Ubiquitous Internet of Things. CRC Press.

Peris-Lopez, P., Hernandez-Castro, J.C., Estevez-Tapiador, J.M., Ribagorda, A., 2006. M^2AP: a minimalist mutual-authentication protocol for low-cost rfid tags. Ubiquitous Intelligence and Computing. Springer-Verlag, Berlin, Heidelberg, pp. 912-923.

Sundmaeker, H., Guillemin, P., Friess, P., Woelfflé, S., 2010. Vision and Challenges for Realising the Internet of Things. EUR-OP.

第 6 章参考文献

Cai, H., Xu, L., Xu, B., Xie, C., Qin, S., Jiang, L., 2014. IoT-based configurable information service platform for product lifecycle management. IEEE Trans. Ind. Infor 10(2), 1558-1567.

Pretz, K., 2013. The next evolution of the internet. Retrieved from : <http://theinstitute.ieee.org/technology-focus/technology-topic/the-next-evolution-of-the-internet>.

Tao, F., Cheng, Y., Xu, L.D., Zhang, L., Li, B.H., 2014. CCIoT-CMfg: cloud computing and internet of things based cloud manufacturing service system. IEEE Trans. Ind. Infor. 10(2), 1435-1442.

第 7 章参考文献

Balenson, D., McGrew, D., Sherman, A., February 1999. Key management for large dynamic groups: one-way function trees and amortized initialization. Internet-Draft.

Ballardie, A., May 1996. Scalable multicast key distribution. RFC 1949.

Bonetto, R., Bui, N., Lakkundi, V., Olivereau, A., Serbanati, A., Rossi, M., 2012. Secure communication for smart iot objects: protocol stacks, use cases and practical examples. In: International Symposium on a World of Wireless, Mobile and Multimedia Networks(WoWMoM). IEEE, pp. 1-7.

Briscoe, B., 1999. Marks: zero side effect multicast key management using arbitrarily revealed key sequences. In: Networked Group Communication, pp. 301-320.

Challal, Y., Seba, H., 2005. Group key management protocols: a novel taxonomy. Int. J. Inf. Technol. 2(1), 105-118.

Chiou, G.H., Chen, W.T., 1989. Secure broadcasting using the secure lock. IEEE Trans. Software Eng. 15(8), 929-934.

Daghighi, B., Kiah, M.L.M., Shamshirband, S., Rehman, M.H.U., 2015. Toward secure group communication in wireless mobile environments: issues, solutions, and challenges. J.Network Comput.Appl. 50, 1-14.

De Meulenaer, G., Gosset, F., Standaert, F.X., Pereira, O., 2008. On the energy cost of communication and cryptography in wireless sensor networks. In: IEEE International Conference on Wireless and Mobile Computing, Networking and Communication, pp. 580-585.

Dworkin, M., 2007. Recommendation for block cipher modes of operation: the CCM. Mode for authentication and confidentiality. SP-800-38c, NIST, US Department of Commerce.

Eschenauer, L., Gligor, V.D., 2002. A key management scheme for distributed sensor networks. In: Ninth ACM Conference on Computer and Communications Security, pp. 41-47.

Freeman, T., Housley, R., Malpani, A., Cooper, D., Polk, W., 2007. Server-based certicate validation protocol(scvp). Internet Proposed Standard RFC 5055.

Gharout, S., Bouabdallah, A., Challal, Y., Achemlal, M., 2012. Adaptive group key management protocol for wireless communications. J. Univers. Comput.Sci. 18(6), 874-898.

Granjal, J., Monteiro, E., Sa Silva, J., 2010. Enabling network-layer security on ipv6 wireless sensor networks. In: Proceedings of IEEE GLOBECOM.

Gura, N., Patel, A., Wander, A., Elberle, H., Shantz, S.C., 2004. Comparing elliptic curve cryptography and rsa on 8-bit cpus. In: Proceedings of the Sixth Workshop on Cryptographic Hardware and Embedded Systems(CHES 2004), pp. 119-132.

Harney, H., Muckenhirn, C., July 1997. Group key management protocol(gkmp) architecture. Internet Engineering Task Force, RFC 2093.

Hui, J., Thubert, P., 2011. Compression format for ipv6 datagrams over IEEE

802.15.4-based networks. Internet Engineering Task Force, RFC 6282.

Hummen, R., Hiller, J., Henze, M., Wehrle, K., 2013a. Slimfit-a HIP dex compression layer for the ip-based internet of things. In: WiMob, IEEE, pp. 259-266.

Hummen, R., Wirtz, H., Ziegeldorf, J.H., Hiller, J., Wehrle, K., 2013b. Tailoring end-to-end ip security protocols to the internet of things. In: 21st International Conference on Network Protocols(ICNP). IEEE, pp. 1-10.

Hummen, R., Ziegeldorf, J.H., Shafagh, H., Raza, S., Wehrle, K., 2013c. Towards viable certicatebased authentication for the internet of things. In: HotWiSec'13 Proceedings of the Second ACM Workshop on Hot Topics on Wireless Network Security and Privacy, pp. 37-42.

Kamat, S., Parimi, S., Agrawal, D.P., 2003. Reduction in control overhead for a secure, scalable framework for mobile multicast. IEEE Int. Conf. Commun., ICC'03 1, 98-103.

Kerckhoffs, A., 1883. La cryptographie militaire. J. Sci. Mil. XI, 161-191.

Kim, Y., Perrig, A., Tsudik, G., 2004. Tree-based group key agreement. ACM Trans. Inf. Syst.Secur.7(1), 60-96.

Lee, P., Lui, J., Yau, D., 2006. Distributed collaborative key agreement and authentication protocols for dynamic peer groups. IEEE/ACM Trans. Networking 14(2), 263-276.

Malan, D., Welsh, M., Smith, M., 2004. A public-key infrastructure for key distribution in tiny os based on elliptic curve cryptography. In: First Annual IEEE Communications Society Conference on Sensor and Ad Hoc Communications and Networks, pp. 71-80.

Medaglia, C.M., Serbanati, A., 2010. An overview of privacy and security issues in the internet of things. In: The Internet of Things, pp. 389-395.

Mehdizadeh, A., Hashim, F., Othman, M., 2014. Lightweight decentralized multicast-unicast key management method in wireless ipv6 networks. J. Network Comput. Appl. 42, 59-69.

Miorandi, D., Sicari, S., De Pellegrini, F., Chlamtac, I., 2012. Internet of things:

vision, applications and research challenges. Ad Hoc Networks 10(7), 1497-1516.

Montenegro, G., Kushalnagar, N., Hui, J., Culler, D., 2007. Transmission of ipv6 packets over IEEEE 802.15.4 networks. Internet Engineering Task Force, RFC 4944.

Piao, Y., Kim, J., Tariq, U., Hong, M., 2013. Polynomial-based key management for secure intra-group and inter-group communication. Comput.Math.Appl. 65(9), 1300-1309.

Prashar, M., Vashisht, R., 2012.Survey on pre-shared keys in wireless sensor network. Int. J. Sci. Emerging Technol. Latest Trends 4(1), 42-48.

Rafaeli, S., Hutchison, D., June 2002. Hydra: a decentralized group key management. In: 11th IEEE International WETICE: Enterprise Security Workshop.

Rafaeli, S., Hutchison, D., 2003.A survey of key management for secure group communication. ACM Comput.Surv.35(3), 309-329.

Raza, S., Duquennoy, S., Chung, T., Yazar, D., Voigt, T., Roedig, U., 2011. Securing communication in 6lowpan with compressed ipsec. In: Proceedings of IEEE DCOSS.

Raza, S., Trabalza, D., Voigt, T., 2012a. 6lowpan compressed dtls for coap. In: Proceedings of IEEE DCOSS.

Raza, S., Voigt, T., Jutvik, V., 2012b. Lightweight ikev2: a key management solution for both compressed ipsec and IEEE 802.15.4 security. In: IETF/IAB Workshop on Smart Object Security.

Raza, S., Duquennoy, S., Selander, G., 2013. Compression of IPsec AH and ESP headers for constrained environments. Draft-raza-6lowpanipsec-00(WiP), IETF.

Rescorla, E., 1999. Diffie-Hellman key agreement method. Internet Engineering Task Force, RFC 2631.

Roman, R., Alcaraz, C., Lopez, J., Sklavos, N., 2011a. Key management systems for sensor networks in the context of internet of things. Comput.Electr.Eng. 37(2), 147-159.

Roman, R., Najera, P., Lopez, J., 2011b. Securing the internet of things. IEEE

Comput. 44, 51-58.

Romdhani, I., Kellil, M., Hong-Yon, L., Bouabdallah, A., Bettahar, H., 2004. IP mobile multicast: challenges and solutions. IEEE Commun. Surv.Tutorials 6, 18-41.

Sahraoui, S., Bilami, A., 2015. Efficient HIP-based approach to ensure lightweight end-to-end security in the internet of things. Comput.Networks 91, 26-45.

Saied, Y.B., Olivereau, A., 2012a. D-hip: a distributed key exchange scheme for hip-based internet of things. In: Proceedings of IEEE WoWMoM.

Saied, Y.B., Olivreau, A., October 24-25, 2012b.(k, n) Threshold distributed key exchange for HIP based internet of things. In: Proceedings of the 10th ACM International Symposium on Mobility Management and Wireless Access, pp. 79-86.

Saied, Y.B., Olivereau, A., 2012c. Hip tiny exchange(tex): a distributed key exchange scheme for hip-based internet of things. In: Proceedings of ComNet.

Setia, S., Koussih, S., Jajodia, S., Harder, E., 2000. Kronos: a scalable group re-keying approach for secure multicast. In: Proceedings IEEE Symposium on Security and Privacy, pp. 215-228.

Shannon, C.E., 1949. Communication theory of secrecy systems. Bell Syst. Tech. J. 28(4), 656-715.

Shirey, R., 2000. RFC 2828: internet security glossary. The Internet Society, p. 13.

Shirey, R., 2007. Internet security glossary, version 2. Internet Engineering Task Force, RFC 4949.

Veltri, L., Cirani, S., Busanelli, S., Ferrari, G., 2013. A novel batch-based group key management protocol applied to the internet of things. Ad Hoc Networks 11(8), 2724-2737.

Wander, A., Gura, N., Eberle, H., Gupta, V., Shantz, S.C., 2005. Energy analysis of public-key cryptography for wireless sensor networks. In: Third IEEE International Conference on Pervasive Computing and Communications.PerCom 2005, pp. 324-328.

Weber, R.H., 2010. Internet of things, new security and privacy challenges. Comput. Law Secur. Rev. 26(1), 23-30.

Wong, C.K., Gouda, M., Lam, S.S., 2000. Secure group communications using key graphs. IEEE/ ACM Trans. Networking 8(1), 16-30.

第 8 章参考文献

Atzori, L., Iera, A., Morabito, G., Nitti, M., 2012. The social internet of things(SIoT) when social networks meet the internet of things: concept, architecture and network characterization. Comput. Networks 56(16), 3594-3608.

Atzori, L., Iera, A., Morabito, G., 2014. From "smart objects" to "social objects": the next evolutionary step of the Internet of Things. IEEE Commun. Mag. 52(1), 97-105.

Ortiz, A.M., Hussein, D., Park, S., Han, S.N., Crespi, N., 2014. The cluster between internet of things and social networks: review and research challenges. IEEE Internet Things J. 1(3), 206-215.

第 9 章参考文献

Al Ameen, M., Liu, J., Kwak, K., 2012. Security and privacy issues in wireless sensor networks for healthcare applications. J Med Syst 36, 93-101.

Atzori, L., Iera, A., Morabito, G., 2010. The internet of things: a survey. Comput. Networks 54,2787-2805.

Dohr, A., Modre-Opsrian, R., Drobics, M., Hayn, D., Schreier, G., April 2010. The internet of things for ambient assisted living. In Information Technology: New Generations(ITNG), pp. 804-809.

Istepanian, R., Jara, A., Sungoor, A., Philips, N., 2010. Internet of things for m-health applications(IOMT). AMA-IEEE medical technology conference on individualized healthcare, Washington, DC.

Javadi, S.S., Razzaque, M.A., 2013. Security and privacy in wireless body area networks for health care applications. Wireless Networks and Security 165-187.

Karlof, C., Wagner, D., 2003. Secure routing in wireless sensor networks: Attacks and counter-measures. Ad hoc Networks 1(2), 293-315.

Li, M., Lou, W., 2010. Data security and privacy in wireless body area networks. Wireless Technol. E-healthcare.

Lim, S., Oh, T.H., Choi, Y.B., Lakshman, T., February 2010. Security issues on wireless body area network for remote healthcare monitoring. Sensor Networks, Ubiquitous, and Trustworthy Computing(SUTC), IEEE International Conference, pp. 327-332.

Medaglia, C.M., Serbanati, A., 2010. An overview of privacy and security issues in the internet of things. The internet of things, pp. 389-395.

Miorandi, D., Sicari, S., De Pellegrini, F., Chlamtac, I., 2012. Internet of things: vision, applications and research challenges. Ad Hoc Networks 1497-1516.

Ng, H.S., Sim, M.L., Tan, C.M., 2006. Security issues of wireless sensor networks in healthcare applications. Bri. Technol. J. 24(2), 138-144.

Patel, M., Wang, J., 2010. Applications, challenges, and prospective in emerging body area networking technologies. Wireless Commun. 17, 80-88.

Roman, R., Najera, P., Lopez, J., 2011a. Securing the internet of things. IEEE Comput. 44, 51-58.

Tsiftes, N., Dunkels, A., 2011. A database in every sensor. Proceedings of the 9th ACM Conference on Embedded Networked Sensor Systems, pp. 316-332.

Weber, R.H., 2010. Internet of things, new security and privacy challenges. Comput. Law Security Rev. 26, 23-30, January 2010.

延伸阅读

第 3 章和第 4 章的延伸阅读

Fleisch, E., 2010. What is the internet of things? An economic perspective. Econom. Manage.Financ. Markets 2, 125-157.

Floerkemeier, C., Roduner, C., Lampe, M., 2007. RFID application development with the accada middleware platform. IEEE Syst. J. 1(2), 82-94.

Furnell, S., 2007. Making security usable: Are things improving? Comput. Security 26(6), 434-443.

Gama, K., Touseau, L., Donsez, D., 2012. Combining heterogeneous service technologies for building an internet of things middleware. Comput. Commun. 35(4), 405-417.

Gaur, H., 2013. Internet of things: thinking services.

Gu, L., Wang, J., Sun, B., 2014. Trust management mechanism for internet of things. ChinaCommun. 11(2), 148-156.

He, W., Xu, L., 2012. Integration of distributed enterprise applications: a survey.

Hendricks, K.B., Singhal, V.R., Stratman, J.K., 2007. The impact of enterprise systems on corporate performance: A study of erp, scm, and crm system implementations. J. Operat. Manage25(1), 65-82.

Hepp, M., Siorpaes, K., Bachlechner, D., 2007. Harvesting wiki consensus: using wikipedia entries as vocabulary for knowledge management. IEEE Internet Comput. 11(5), 54-65.

Hernandez-Castro, J.C., Tapiador, J.M.E., Peris-Lopez, P., Li, T., Quisquater, J.-J., 2013.Cryptanalysis of the sasi ultra-light weight rfid authentication protocol. arxiv.

Hitt, L.M., Wu, D., Zhou, X., 2002. Investment in enterprise resource planning: business impact and productivity measures. J. Manage. Inform. Syst. 19(1),

71-98.

Hoyland, C.A., Adams, K.M., Tolk, A., Xu, D.L., 2014. The rq-tech methodology: a new paradigm for conceptualizing strategic enterprise architectures. J. Manage. Analyt. 1(1), 55-77.

HP Company, 2014. Internet of things research study. <http://digitalstrategies.tuck.dartmouth.edu/cds-uploads/people/pdf/Xu-IoTSecurity.pdf>.

ITU, 2013. The internet of things, international telecommunication union(itu) internet report.

Kang, K., Pang, Z., Da Xu, L., Ma, L., Wang, C., 2014. An interactive trust model for application market of the internet of things. IEEE Trans. Indust. Informat. 10(2), 1516-1526.

Keoh, S., Kumar, S., Tschofenig, H., 2014. Securing the internet of things: a standardization perspective.

Kim, H., 2012. Security and vulnerability of SCADA systems over ip-based wireless sensor networks.Int. J. Distribut. Sensor Networks 8(11), 268478.

Klair, D.K., Chin, K.-W., Raad, R., 2010. A survey and tutorial of rfid anti-collision protocols.IEEE Commun. Surv. Tutor. 12(3), 400-421.

Kranenburg, R.v., Anzelmo, E., Bassi, A., Caprio, D., Dodson, S., Ratto, M., 2011. The internet of things. Paper presented at the 1st Berlin Symposium on Internet and Society(Versiónelectrónica). Consultado el.

Li, D.X., 2011. Enterprise systems: state-of-the-art and future trends. IEEE Transact. Indust. Informat.7(4), 630-640.

Li, F., Xiong, P., 2013. Practical secure communication for integrating wireless sensor networks into the internet of things.

Li, L., Li, S., Zhao, S., 2014. Qos-aware scheduling of services-oriented internet of things.

Li, L., Wang, B., Wang, A., 2014. An emergency resource allocation model for maritime chemical spill accidents. J. Manage. Analyt. 1, 146-155.

Li, S., Xu, L.D., Zhao, S., 2014. The internet of things: a survey. Informat. Syst. Front. 17, 243-259.

Lim, M.K., Bahr, W., Leung, S.C., 2013. Rfid in the warehouse: a literature analysis(1995-2010)of its applications, benefits, challenges and future trends. Int. J. Product. Econom. 145(1),409-430.

Miorandi, D., Sicari, S., De Pellegrini, F., Chlamtac, I., 2012. Internet of things: vision, applications and research challenges. Ad Hoc Networks 10(7), 1497-1516.

Ning, H., 2013. Unit and Ubiquitous Internet of Things. CRC Press, Boca Raton, FL.

Ning, H., Liu, H., Yang, L.T., 2013. Cyberentity security in the internet of things. Computer 46(4), 46-53.

Oppliger, R., 2011. Security and privacy in an online world. Computer 44(9), 21-22.

Peris-Lopez, P., Hernandez-Castro, J.C., Estevez-Tapiador, J.M., Ribagorda, A., 2006. M2ap:a minimalist mutual-authentication protocol for low-cost rfid tags. . Ubiquitous Intelligence and Computing. Springer, Heidelberg, pp. 912-923.

Perna, M., 2013. Security 101: securing SCADA environments. Retrieved from< http://blog.fortinet.com/post/security-101-securing-scada-environments>.

Pretz, K., 2013. The next evolution of the internet. Retrieved from< http://theinstitute.ieee.org/technology-focus/technology-topic/the-next-evolution-of-the-internet>.

Raza, S., Voigt, T., Jutvik, V., 2012. Lightweight ikev2: a key management solution for both the compressed ipsec and the ieee 802.15. 4 security. Paper presented at the Proceedings of the IETF Workshop on Smart Object Security.

Raza, S., Shafagh, H., Hewage, K., Hummen, R., Voigt, T., 2013. Lithe: lightweight secure coap for the internet of things.

Roe, D., 2014. Top 5 internet of things security concerns. Retrieved from< http://www.cmswire.com/cms/internet-of-things/top-5-internet-of-things-security-concerns-026043.php>.

Roman, R., Najera, P., Lopez, J., 2011. Securing the internet of things. Computer 44(9), 51-58.

Roman, R., Zhou, J., Lopez, J., 2013. On the features and challenges of security and privacy in distributed internet of things. Comput. Networks 57(10), 2266-2279.

Sundmaeker, H., Guillemin, P., Friess, P., Woelfflé, S., 2010. Vision and challenges for realising the internet of things: EUR-OP.

Tan, W., Chen, S., Li, J., Li, L., Wang, T., Hu, X., 2014. A trust evaluation model for e-learning systems. Syst. Res. Behav. Sci. 31(3), 353-365.

Tao, F., Cheng, Y., Xu, L.D., Zhang, L., Li, B.H., 2014). Cciot-cmfg: cloud computing and internet of things based cloud manufacturing service system.

Wang, F., Ge, B., Zhang, L., Chen, Y., Xin, Y., Li, X., 2013. A system framework of security management in enterprise systems. Syst. Res. Behav. Sci. 30(3), 287-299.

Wang, K., Wu, M., 2010. Cooperative communications based on trust model for mobile ad hoc networks. IET Informat. Security 4(2), 68-79.

Weber, R.H., 2013. Internet of things-governance quo vadis? Comput. Law Security Rev. 29(4),341-347.

Welbourne, E., Battle, L., Cole, G., Gould, K., Rector, K., Raymer, S., et al., 2009. Building the internet of things using rfid: the rfid ecosystem experience. IEEE Internet Comput. 13(3),48-55.

Wieder, B., Booth, P., Matolcsy, Z.P., Ossimitz, M.-L., 2006. The impact of erp systems on firm and business process performance. J. Enterprise Informat. Manage. 19(1), 13-29.

Xiao, G., Guo, J., Xu, L., Gong, Z., 2014. User interoperability with heterogeneous iot devices through transformation.

Xu, B., Xu, L.D., Cai, H., Xie, C., Hu, J., Bu, F., 2014. Ubiquitous data accessing method in iot-based information system for emergency medical services.

Xu, L., He, W., Li, S., 2014. Internet of things in industries: a survey. IEEE Transact. Indust. Informat. 99, 1.

Xu, L.D., 2011. Information architecture for supply chain quality management. Int. J. Product. Res. 49(1), 183-198.

Yao, X., Han, X., Du, X., Zhou, X., 2013. A lightweight multicast authentication mechanism for small scale Iot applications.

Yuan Jie, F., Yue Hong, Y., Li Da, X., Yan, Z., Fan, W., 2014. Iot-based smart rehabilitation system. IEEE Transact. Indust. Informat. 10(2), 1568-1577.

第 6 章延伸阅读

Akyildiz, I.F., Su, W., Sankarasubramaniam, Y., Cayirci, E., 2002. Wireless sensor networks: a survey. Comput. Networks 38, 393-422.

Avancha, S., 2005. A Holistic Approach to Secure Sensor Networks, PhD Dissertation, University of Maryland.

Blackert, W. J., Gregg, D.M., Castner, A.K., Kyle, E. M., Hom, R.L., Jokerst, R.M., 2003. Analyzing interaction between distributed denial of service attacks and mitigation technologies.Proceedings of the DARPA Information Survivability Conference and Exposition, vol.1, 22-24 April 2003, pp. 26-36.

Cagalj, M., Capkun, S., Hubaux, J-P., Wormhole-based anti-jamming techniques in sensor networks. <http://lcawww.epfl.ch/Publications/Cagalj/CagaljCH05-worm.pdf>.

Chan, H, Perrig, A., Song, D., 2003. Random key predistribution schemes for sensor networks. In: IEEE Symposium on Security and Privacy, Berkeley, California, 11-14 May 2003, pp. 197-213.

Cisco IBSG projections, UN Economic & Social Affairs http://www.un.org/esa/population/publications/longrange2/WorldPop2300final.pdf.

Computerworld, 2010. Siemens: Stuxnet worm hit industrial systems, September 16, 2010.

Culler, D.E., Hong, W., 2004. Wireless sensor networks. Commun. ACM 47(6), 30-33.

Culpepper, B.J.Tseng, H.C., 2004. Sinkhole intrusion indicators in DSR MANETs. Proceedings of the First International Conference on Broad Band Networks, pp. 681-688.

Dai, S, Jing, X, Li, L, 2005. Research and analysis on routing protocols for wireless sensor networks. Proceedings of the International Conference on Communications, Circuits and Systems, vol.1, 27-30 May 2005, pp. 407-411.

Delay Tolerant Networking Research Group.<http://www.dtnrg.org/wiki>.

Douceur, J., 2002. The Sybil Attack, 1st International Workshop on Peer-to-Peer Systems.

Du, W., Deng, J., Han, Y.S., Varshney, P.K., 2003. A pairwise key pre-distribution scheme for wireless sensor networks.Proceedings of the 10th ACM Conference on Computer and Communications Security, pp. 42-51.

Duqu: a Stuxnet-like malware found in the wild, technical report.October 14, 2011, Laboratory of Cryptography of Systems Security.

Eschenauer, L.Gligor, V.D., 2002. A key-management scheme for distributed sensor networks. Proceedings of the ACM CCS'02, 18-22 November 2002, pp. 41-47.

ETSI TR103 167 v0.3.1, 2011. Machine to machine communications(M2M); threat analysis and counter-measures to M2M service layer.

Gont, F., Security assessment of the internet protocol version 6(IPv6), UK Centre for the Protection of National Infrastructure.

Hamid, M.A., Rashid, M-O., Hong, C.S., 2006. Routing security in sensor network: Hello flood attack and defense IEEE ICNEWS, 2-4 January, Dhaka.

Hepp, M., Siorpaes, K., Bachlechner, D., 2007. Harvesting wiki consensus: Using wikipedia entries as vocabulary for knowledge management.Internet Computing, IEEE 11(5), 54-65.

Hollar, S., 2000.COTS Dust, Master's Thesis, Electrical Engineering and Computer Science Department, UC Berkeley, 2000.

Hu, Y.-C., Perrig, A., Johnson, D.B., 2003. Packet leashes: a defense against wormhole attacks in wireless networks, Twenty-Second Annual Joint Conference of the IEEE Computer and Communications Societies.IEEE INFOCOM 2003, vol.3, 30 March-3 April 2003, pp. 1976-1986.

Jolly, G., Kuscu, M.C., Kokate, P., Younis, M., 2003. A low-energy key management protocol for wireless sensor networks. Proceedings of the Eighth IEEE International Symposium on Computers and Communication(ISCC 2003). vol.1, pp. 335-340.

Karakehayov, Z., 2005. Using REWARD to detect team black-hole attacks in wireless sensor networks. In: Workshop on Real-World Wireless Sensor Networks(REALWSN'05), 20-21 June, Stockholm, Sweden.

Karlof, C., Wagner, D., 2003. Secure routing in wireless sensor networks: attacks and countermeasures. Elsevier's Ad Hoc Network Journal, Special Issue on Sensor Network Applications and Protocols, September, pp. 293-315.

Karlof, C., Sastry, N., Wagner, D., 2004. TinySec: a link layer security architecture for wireless sensor networks. Proceedings of the 2nd International Conference on Embedded Networked Sensor Systems, Baltimore, MD, USA, pp. 162-175.

Kim, C.H., O, S.C., Lee, S.,Yang, W.I., Lee, H-W., 2003. Steganalysis on BPCS Steganography. Pacific Rim Workshop on Digital Steganography(STEG'03), 3-4 July, Japan.

Kulkarni, S.S., Gouda, M.G., Arora, A., 2005. Secret instantiation in adhoc networks, Special Issue of Elsevier Journal of Computer Communications on Dependable Wireless Sensor Networks, May pp. 1-15.

Kurak, C., McHugh, J., 1992. A cautionary note on image downgrading in computer security applications. Proceedings of the 8th Computer Security Applications Conference, San Antonio, December, pp. 153-159.

Mokowitz, I.S., Longdon, G.E., Chang, L., 2001. A new paradigm hidden in steganography. Proceedings of the 2000 Workshop on New Security Paradigms, Ballycotton, County Cork, Ireland, pp. 41-50.

Newsome, J., Shi, E., Song, D, Perrig, A, 2004. The sybil attack in sensor networks: analysis & defenses. Proceedings of the Third International Symposium on Information Processing in Sensor Networks, ACM, pp. 259-268.

NIST selects winner of secure hash algorithm(SHA-3) competition, 2 October 2012. <http://www.nist.gov/itl/csd/sha-100212.cfm>.

Oniz, C.C, Tasci, S.E, Savas, E., Ercetin, O., Levi, A, SeFER: secure, flexible and efficient routing protocol for distributed sensor networks. <http://people. sabanciuniv. edu/～levi/SeFER-EWSN.pdf>.

Orihashi, M., Nakagawa, Y., Murakami, Y., Kobayashi, K., 2003. Channel synthesized modulation employing singular vector for secured access on physical layer. IEEE GLOBECOM, vol.3, 1226-1230, 1-5 December 2003.

Pathan, A.-S.K., Alam, M., Monowar, M., Rabbi, F., 2004.An efficient routing protocol for mobile ad hoc networks with neighbor awareness and multicasting.

Proceedings of the IEEE E-Tech, Karachi, 31 July, pp. 97-100.

Pathan, A-S.K., Islam, H.K., Sayeed, S.A., Ahmed, F.Hong, C.S., 2006.A framework for providing e-services to the rural areas using wireless ad hoc and sensor networks IEEE ICNEWS.

Perrig, A., Szewczyk, R., Wen, V., Culler, D., Tygar, J.D., 2002. SPINS: security protocols for sensor networks. Wireless Networks 8(5), 521-534.

Pfleeger, C.P., Pfleeger, S.L., 2003. Security in Computing. Third ed. Prentice Hall, Upper Saddle River, NJ.

Rabaey, J.M., Ammer, J., Karalar, T., Suetfei Li., Otis, B., Sheets, M., Tuan, T., 2002.PicoRadios for wireless sensor networks: the next challenge in ultra-low power design. 2002 IEEE International Solid-State Circuits Conference(ISSCC 2002), vol.1, 3-7 February, pp. 200-201.

Saleh, M., Khatib, I.A., 2005. Throughput analysis of WEP security in ad hoc sensor networks. Proceedings of the Second International Conference on Innovations in Information Technology(IIT'05), 26-28 September, Dubai.

Slijepcevic, S., Potkonjak, M., Tsiatsis, V., Zimbeck, S., Srivastava, M.B., 2002. On communication security in wireless ad-hoc sensor networks.11th IEEE International Workshops on Enabling Technologies: Infrastructure for Collaborative Enterprises, 10-12 June 2002, pp. 139-144.

Steven Cherry with Ralph Langner, 2010. How Stuxnet is rewriting the cyberterrorism playbook. October IEEE Spectrum.

Strulo, B., Farr, J., Smith, A., 2003. Securing mobile ad hoc networks-a motivational approach.BT Technol.J.21(3), 81-89.

Undercoffer, J., Avancha, S., Joshi, A., Pinkston, J., 2002. Security for sensor networks. CADIP Research Symposium, available at <http://www.cs.sfu.ca/～angiez/ personal/paper/sensor-ids.pdf>.

Valerie Aurora, 2012. Lifetimes of cryptographic hash functions, <http://valerieaurora.org/hash.html>.

Wang, B-T., Schulzrinne, H., 2004. An IP traceback mechanism for reflective DoS attacks. Canadian Conference on Electrical and Computer Engineering, vol.2, 2-5

May, pp. 901-904.

Wood, A.D., Stankovic, J.A., 2002. Denial of service in sensor networks. Computer 35(10), 54-62.

Wood, A.D., Stankovic, J.A., Son, S.H., 2003. JAM: a jammed-area mapping service for sensor networks. 24th IEEE Real-Time Systems Symposium, RTSS, pp. 286-297.

Yang, H., Luo, H., Ye, F., Lu, S., Zhang, L., 2004. Security in Mobile Ad Hoc Networks: Challenges and Solutions. IEEE Wireless Commun.11(1), 38-47, February.

Ye, F., Luo, H., Lu, S., Zhang, L., 2005. Statistical en-route filtering of injected false data in sensor networks. IEEE J.Select. Areas Commun.23(4), 839-850.

Younis, M., Youssef, M., Arisha, K., 2002. Energy-aware routing in cluster-based sensor networks. Proceeding of the 10th IEEE International Symposium on Modeling, Analysis and Simulation of Computer and Telecommunications Systems, 1-16 October, pp. 129-136.

Younis, M., Akkaya, K., Eltoweissy, M., Wadaa, A., 2004.On handling QoS traffic in wireless sensor networks. Proceedings of the 37th Annual Hawaii International Conference on System Sciences, 5-8 January, 2004, pp. 292-301.

Yuan, L., Qu, G., 2002. Design space exploration for energy-efficient secure sensor network. Proceedings of the IEEE International Conference on Application-Specific Systems, Architectures and Processors, 17-19 July 2002, pp. 88-97.

Zhou, L., Haas, Z.J., 1999. Securing ad hoc networks. IEEE. Networks 13(6), 24-30.

第 7 章延伸阅读

Ameen, M.A., Liu, J., Kwak, K., 2012. Security and privacy issues in wireless sensor networks for healthcare applications. J. Med. Syst. 36, 93-101.

Atzori, L., Iera, A., Morabito, G., 2010. The internet of things: a survey. Comput. Networks 54, 2787-2805.

Atzori, L., Iera, A., Morabito, G., Nitti, M., 2012. The social internet of things(siot) when social networks meet the internet of things: concept, architecture and network characterization. Comput Networks 56(16), 3594-3608.

Atzori, L., Iera, A., Morabito, G., 2014. From "smart objects" to "social objects": the next evolutionary step of the internet of things. IEEE Commun. Mag. 52(1), 97-105.

Dohr, A., Modre-Opsrian, R., Drobics, M., Hayn, D., Schreier, G., April 2010. The internet of things for ambient assisted living. In: Information Technology: New Generations(ITNG), pp. 804-809.

Istepanian, R., Jara, A., Sungoor, A., Philips, N., 2010. Internet of things for m-health applications(iomt). In: AMA-IEEE Medical Technology Conference on Individualized Healthcare,Washington, DC.

Javadi, S.S., Razzaque, M.A., 2013. Security and privacy in wireless body area networks for health care applications. In: Wireless Networks and Security, pp. 165-187.

Karlof, C., Wagner, D., 2003. Secure routing in wireless sensor networks: attacks and countermeasures. Ad Hoc Networks 1(2), 293-315.

Li, M., Lou, W., February 2010. Data security and privacy in wireless body area networks. In: Wireless Technologies for E-Healthcare.

Lim, S., Oh, T.H., Choi, Y.B., Lakshman, T., February 2010. Security issues on wireless body area network for remote healthcare monitoring. In: Sensor Networks, Ubiquitous, and Trustworthy Computing(SUTC), IEEE International Conference, pp. 327-332.

Ng, H.S., Sim, M.L., Tan, C.M., 2006. Security issues of wireless sensor networks in healthcare applications. BT Technol. J. 24(2), 138-144.

Ortiz, A.M., Hussein, D., Park, S., Han, S.N., Crespi, N., 2014. The cluster between internet of things and social networks: review and research challenges. IEEE Int. Things J. 1(3), 206-215.

Patel, M., Wang, J., 2010. Applications, challenges, and prospective in emerging body area networking technologies. IEEE Wireless Commun.17(1), 80-88.

Tsiftes, N., Dunkels, A., 2011. A database in every sensor. In: Proceedings of the

Ninth ACM Conference on Embedded Networked Sensor Systems, pp. 316-332.

第 9 章延伸阅读

Atzori, L., Iera, A., Morabito, G., Nitti, M., 2012. The social internet of things (SIOT) when social networks meet the internet of things: concept, architecture and network characterization. Comput. Networks 56 (16), 3594-3608.

Atzori, L., Iera, A., Morabito, G., 2014. From "smart objects" to "social objects": the next evolutionary step of the internet of things. IEEE Commun. Magaz. 52 (1), 97-105.

Balenson, D., McGrew, D., Sherman, A., February 1999. Key management for large dynamic groups: one-way function trees and amortized initialization. Internet draft.

Ballardie, A., May 1996. Scalable multicast key distribution. RFC 1949.

Bonetto, R., Bui, N., Lakkundi, V., Olivereau, A., Serbanati, A., Rossi, M., 2012. Secure communication for smart IOT objects: protocol stacks, use cases and practical examples. In International Symposium on a World of Wireless, Mobile and Multimedia Networks (WoWMoM), pp. 1-7. IEEE.

Briscoe, B., 1999. Marks: zero side effect multicast key management using arbitrarily revealed key sequences. Networked Group Communication, pp. 301-320.

Challal, Y., Seba, H., 2005. Group key management protocols: a novel taxonomy. Int. J. Informat. Technol. 2 (1), 105-118.

Chiou, G.H., Chen, W.T., 1989. Secure broadcasting using the secure lock. IEEE Transact. Softw. Engineer. 15 (8), 929-934.

Daghighi, B., Kiah, M.L.M., Shamshirband, S., Rehman, M.H.U., 2015. Toward secure group communication in wireless mobile environments: issues, solutions, and challenges. J. Network Comput. Appl. 50, 1-14.

De Meulenaer, G., Gosset, F., Standaert, F.X., Pereira, O., 2008. On the energy cost of communication and cryptography in wireless sensor networks. In IEEE

International Conference on Wireless and Mobile Computing, Networking and Communication, pp. 580-585.

Dworkin, M., 2007. Recommendation for block cipher modes of operation: The ccm mode for authentication and confidentiality. SP-800-38c, NIST, US Department of Commerce.

Eschenauer, L., Gligor, V.D., 2002. A key management scheme for distributed sensor networks. Ninth ACM Conference on Computer and Communications Security, pp. 41-47.

Freeman, T., Housley, R., Malpani, A., Cooper, D., Polk, W., 2007. Server-based certificate validation protocol (SCVP). Internet proposed standard RFC, 5055.

Gharout, S., Bouabdallah, A., Challal, Y., Achemlal, M., 2012. Adaptive group key management protocol for wireless communications. J. UCS 18 (6), 874-898.

Granjal, J., Monteiro, E., Sa Silva, J., 2010. Enabling network-layer security on ipv6 wireless sensor networks. Proceedings of IEEE GLOBECOM, 2010.

Gura, N., Patel, A., Wander, A., Elberle, H., Shantz, S.C., 2004. Comparing elliptic curve cryptography and RSA on 8-bit CPUs. Proceedings of the Sixth Workshop on Cryptographic Hardware and Embedded Systems (CHES-04), pp. 119-132.

Harney, H., Muckenhirn, C., July 1997. Group key management protocol (GKMP) architecture. RFC 2093.

Hui, J., Thubert, P., 2011. Compression format for ipv6 datagrams over IEEE 802.15.4-based networks. RFC 6282, IETF, 2011.

Hummen, R., Hiller, J., Henze, M., Wehrle, K., 2013a. Slimfit - a hip dex compression layer for the ip-based internet of things. IEEE WiMob, pp. 259-266.

Hummen, R., Wirtz, H., Ziegeldorf, J.H., Hiller, J., Wehrle, K., 2013b. Tailoring end-to-end IP security protocols to the internet of things. In 21st International Conference on Network Protocols (ICNP), pp. 1-10. IEEE.

Hummen, R., Ziegeldorf, J.H., Shafagh, H., Raza, S., Wehrle, K., 2013c. Towards viable certificate-based authentication for the internet of things. HotWiSec '13 Proceedings of the 2nd ACM Workshop on Hot Topics on Wireless Network Security and Privacy, pp. 37-42.

Kamat, S., Parimi, S., Agrawal, D.P., 2003. Reduction in control overhead for a secure, scalable framework for mobile multicast. IEEE International Conference on Communications, ICC'03, vol. 1, pp. 98-103.

Kerckhoffs, A., 1883. La cryptographie militaire. Journal des Sciences Militaires XI, 161-191.

Kim, Y., Perrig, A., Tsudik, G., 2004. Tree-based group key agreement. ACM Transact. Informat. Syst. Security (TISSEC) 7 (1), 60-96.

Lee, P., Lui, J., Yau, D., 2006. Distributed collaborative key agreement and authentication protocols for dynamic peer groups. IEEE/ACM Transact. Network. 14 (2), 263-276.

Malan, D., Welsh, M., Smith, M., 2004. A public-key infrastructure for key distribution in tiny OS based on elliptic curve cryptography. First Annual IEEE Communications Society Conference on Sensor and Ad hoc Communications and Networks, 2004, pp. 71-80.

Mehdizadeh, A., Hashim, F., Othman, M., 2014. Lightweight decentralized multicast-unicast key management method in wireless ipv6 networks. J. Network Comput. Appl. 42, 59-69.

Montenegro, G., Kushalnagar, N., Hui, J., Culler, D., 2007. Transmission of ipv6 packets over IEEE 802.15.4 networks. RFC 4944, IETF, 2007.

Ortiz, A.M., Hussein, D., Park, S., Han, S.N., Crespi, N., 2014. The cluster between internet of things and social networks: review and research challenges. IEEE Internet of Things J. 1 (3), 206-215.

Piao, Y., Kim, J., Tariq, U., Hong, M., 2013. Polynomial-based key management for secure intra-group and inter-group communication. Comput. Math. Appl. 65 (9), 1300-1309.

Prashar, M., Vashisht, R., 2012. Survey on pre-shared keys in wire-less sensor network. Int. J. Sci. Emerg. Technol. Latest Trends 4 (1), 42-48.

Rafaeli, S., Hutchison, D., June 2002. Hydra: a decentralized group key management. 11th IEEE International WETICE: Enterprise Security Workshop.

Rafaeli, S., Hutchison, D., 2003. A survey of key management for secure group communication. ACM Comput. Surv. (CSUR) 35 (3), 309-329.

Raza, S., Duquennoy, S., Chung, T., Yazar, D., Voigt, T., Roedig, U., 2011. Securing communication in 6LoWPAN with compressed IPSEC. Proceedings of IEEE DCOSS, 2011.

Raza, S., Voigt, T., Jutvik, V., 2012a. Lightweight ikev2: a key management solution for both compressed IPSEC and IEEE 802.15.4 security. IETF/IAB workshop on Smart Object Security.

Raza, S., Trabalza, D., Voigt, T., 2012b. 6LoWPAN compressed DTLS for CoAP. Proceedings of IEEE DCOSS.

Raza, S., Duquennoy, S., Selander, G., 2013. Compression of ipsec AH and ESP headers for constrained environments. Draft-raza-6lowpanipsec-00 (WiP), IETF, 2013.

Rescorla, E., 1999. Diffie-Hellman key agreement method. RFC2631.

Roman, R., Alcaraz, C., Lopez, J., Sklavos, N., 2011b. Key management systems for sensor networks in the context of internet of things. Comput. Electric Engineer. 37, 147-159.

Romdhani, I., Kellil, M., Hong-Yon, L., Bouabdallah, A., Bettahar, H., 2004. IP mobile multicast: challenges and solutions. IEEE Commun. Surv. Tutor. 6 (1), 18-41.

Sahraoui, S., Bilami, A., 2015. Efficient hip-based approach to ensure lightweight end-to-end security in the internet of things. Comput. Networks 91, 26-45.

Saied, Y.B., Olivereau, A., 2012a. D-hip: a distributed key exchange scheme for hip-based internet of things. Proceedings of IEEE WoWMoM, 2012.

Saied, Y.B., Olivereau, A., 2012b. (k, n) threshold distributed key exchange for hip based internet of things. Proceedings of ACM MobiWac, 2012.

Saied, Y.B., Olivereau, A., 2012c. Hip tiny exchange (tex): a distributed key exchange scheme for hip-based internet of things. Proceedings of ComNet, 2012.

Setia, S., Koussih, S., Jajodia, S., Harder, E., 2000. Kronos: a scalable group re-keying approach for secure multicast. Proceedings of IEEE Symposium on Security and Privacy, pp. 215-228.

Shannon, C.E., 1949. Communication theory of secrecy systems. Bell Syst. Tech. J. 28 (4), 656-715.

Shirey, R., 2000. Rfc 2828: Internet security glossary. The Internet Society, p. 13.

Shirey, R., 2007. Rfc 4949: Internet security glossary.

Veltri, L., Cirani, S., Busanelli, S., Ferrari, G., 2013. A novel batch-based group key management protocol applied to the internet of things. Ad Hoc Networks 11 (8), 2724-2737.

Wander, A., Gura, N., Eberle, H., Gupta, V., Shantz, S.C., 2005. Energy analysis of public-key cryptography for wireless sensor networks. In Third IEEE International Conference on Pervasive Computing and Communications. PerCom 2005, pp. 324-328.

Wong, C.K., Gouda, M., Lam, S.S., 2000. Secure group communications using key graphs. IEEE/ACM Transact. Network., 8 (1), 16-30.